职业教育教学用书

网络综合布线实训与工程

主　编　杨春红　田　成　杨剑涛

副主编　杨法东　王焕杰　陈俊斌

　　　　余　波　陈　巍　孔照兴

主　审　杨　霞

电子工业出版社

Publishing House of Electronics Industry

北京·BEIJING

内 容 简 介

本书从综合布线工程出发，按理实一体化、任务驱动式、案例式等课程改革创新思想编写。力求在思考问题的方法、探索知识的兴趣、关注市场的角度等方面凸显特色，为广大综合布线技术爱好者可持续发展引领一个新的高度。

本书由 10 个项目构成，包括综合布线基础、综合布线系统工程设计、工作区子系统的施工、水平子系统的施工、管理间子系统施工、垂直子系统施工、设备间与系统施工、进线间和建筑群与系统施工、综合布线测试、综合布线系统工程实例，涵盖了综合布线工程的各个方面。

本书可作为职业学校"综合布线"课程的教学用书，也可以作为网络综合布线爱好者的入门用书。

图书在版编目（CIP）数据

网络综合布线实训与工程 / 杨春红，田成，杨剑涛主编. —北京：电子工业出版社，2015.3

ISBN 978-7-121-20860-7

Ⅰ．①网… Ⅱ．①杨… ②田… ③杨… Ⅲ．①计算机网络—布线—高等学校—教材 Ⅳ．①TP393.03

中国版本图书馆 CIP 数据核字（2013）第 145287 号

策划编辑：施玉新
责任编辑：郝黎明
印　　刷：北京虎彩文化传播有限公司
装　　订：北京虎彩文化传播有限公司
出版发行：电子工业出版社
　　　　　北京市海淀区万寿路 173 信箱　邮编 100036
开　　本：787×1 092　1/16　印张：11.25　字数：294.4 千字
版　　次：2015 年 3 月第 1 版
印　　次：2020 年 8 月第 5 次印刷
定　　价：26.00 元

凡所购买电子工业出版社图书有缺损问题，请向购买书店调换。若书店售缺，请与本社发行部联系，联系及邮购电话：（010）88254888，88258888。

质量投诉请发邮件至 zlts@phei.com.cn，盗版侵权举报请发邮件至 dbqq@phei.com.cn。

本书咨询联系方式：（010）88254598，syx@phei.com.cn。

前　言

　　本书紧紧围绕职业学校综合布线教育教学的要求，体现工学结合、校企合作的课程改革思路，从综合布线工程的角度出发，不局限于当前几个网络综合布线实训产品的解说，以国家标准《综合布线系统工程设计规范》（GB 50311—2007）和《综合布线系统工程验收规范》（GB 50312—2007）的要求为主线，按理实一体化、任务驱动式、案例式等课程改革创新思想编写。本书融入了综合布线系统工程的新概念、新技术、新工艺、新设备、新材料、新思路；概念简洁、层次分明、叙述清楚、图文并茂、张弛有度、生动灵活，实用性很强。

　　本书从综合布线工程出发，而不是从综合布线实训设备出发，兼顾了不同的实训条件和实训设备的差别。在理论够用的前提，深究综合布线的技能点，通过任务驱动迅速提高学生的综合布线的职业技能；通过综合布线工程案例为学生营造一个激发兴趣、拓宽视野、启迪才智、提高素质的平台。本书力求在思考问题的方法、探索知识的兴趣、关注市场的习惯、创新求真的氛围等方面进行强化，为广大综合布线技术爱好者可持续发展引领一个新的高度。

　　全书共 10 个项目，包括综合布线基础、综合布线系统工程设计、工作区子系统的施工、水平子系统的施工、管理间的布线施工、垂直子系统施工、设备间的施工、进线间和建筑群的施工、综合布线系统测试、综合布线系统工程实例。

　　在本书的编写过程中，杨春红、田成、杨剑涛担任主编，杨法东、王焕杰、陈俊斌、余波、陈巍、孔照兴担任副主编，杨霞担任主审，葛冰洁、贺晓亮、包之明、张婷、尹少阳、田玲、杨睿、陈媛媛、张付兰、廖继平、李宏俭等众多同行参与了本书的编写工作，在此表示感谢。

　　由于编者水平所限，书中难免存在疏漏和错误之处，恳请广大读者批评指正。

　　联系方式：sysjsj024@163.com。

编　者

目 录

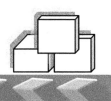

项目 1 综合布线基础

任务 1 初始综合布线系统

▌ 核心技术

- ◆ 综合布线系统组成
- ◆ 综合布线常用术语和符号

▌ 任务目标

- ◆ 认识综合布线系统
- ◆ 认识综合布线标准
- ◆ 认识综合布线术语和符号

▌ 知识摘要

- ◆ 综合布线七大子系统
- ◆ 综合布线标准
- ◆ 综合布线常用术语和符号

▌【任务背景】

　　小李是某综合布线公司的业务员，获悉某单位将新建一栋办公楼，办公楼高 6 层，每层有 18 个房间。小李去该单位进行综合布线业务展示，要用通俗科普的语言对客户讲解综合布线的相关知识。把综合布线工程的复杂理论深入浅出地诠释出来，如为什么要做综合布线工程，综合布线与传统布线有什么区别，等等。小李讲解综合布线工程的成败直接影响公司在该单位综合布线业务的开展，所以小李必须把综合布线的相关知识学精学通，不仅自己明白综合布线，还要让客户明白综合布线。

▌【任务分析】

　　分析一：综合布线的七大子系统，传统布线和综合布线的区别，所在公司综合布线经典案例等，必须交代的清楚明白。这不在于相关概念的死记硬背，而是让客户科普式的感知了解。针对不同客户，确定不同的综合布线介绍技巧。

　　分析二：业务员对客户介绍综合布线要用生动形象的事例来说明问题，这要求业务员必须理论联系实际，多考察综合布线工程。

【项目目标】

知识目标：
1）掌握综合布线系统的组成
2）了解综合布线的标准
3）掌握综合布线术语和符号

技能目标：
1）能够在现场环境中区分综合布线系统各组成部分
2）能够识别综合布线术语和符号

【知识准备】

1．综合布线系统

综合布线系统就是用数据和通信电缆、光缆、各种软电缆及有关连接硬件构成的通用布线系统，是能支持语音、数据、影像和其他控制信息技术的标准应用系统。

2．综合布线系统构成

按照国家标准 GB 50311—2007《综合布线系统工程设计规范》规定，在工程设计阶段综合布线系统工程宜按照以下 7 个部分进行分解：工作区子系统、水平子系统、垂直子系统、管理间子系统、设备间子系统、进线间子系统、建筑群子系统，如图 1.1.1 所示。

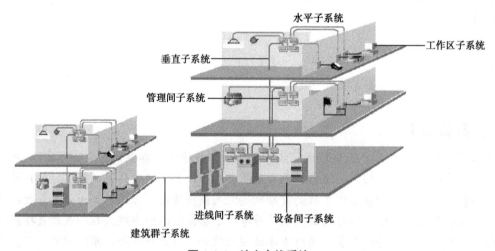

图 1.1.1　综合布线系统

（1）工作区子系统
工作区子系统由跳线与信息插座所连接的设备组成，如图 1.1.2 所示。
（2）水平子系统
水平子系统一般由工作区信息插座模块、水平缆线、配线架等组成。实现工作区信息插座和管理间子系统的连接，包括所有缆线和连接硬件，水平子系统一般使用双绞线电缆，常用的连接器件有信息模块、面板、配线架、跳线架等，如图 1.1.3 所示。

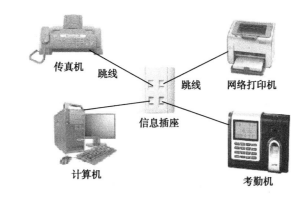

图 1.1.2　工作区子系统

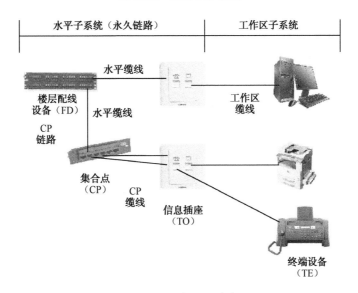

图 1.1.3　水平子系统

（3）垂直子系统

垂直子系统也称干线子系统，它把建筑物各个楼层管理间的配线架连接到建筑物设备间的配线架，也就是负责连接管理间子系统到设备间子系统，实现主配线架与中间配线架的连接。由管理间配线架 FD、设备间配线架 BD 以及它们之间连接的缆线组成，如图 1.1.4 所示。

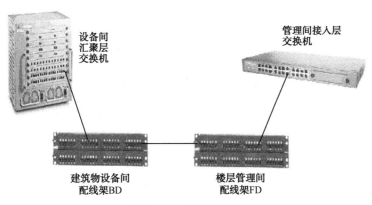

图 1.1.4　垂直子系统

（4）管理间子系统

管理间子系统（图 1.1.5）是专门安装楼层机柜、配线架、交换机的楼层管理间。一般设置在每个综合布线工程的中间，主要安装建筑物楼层配线设备，管理间子系统也是连接垂直子系统和水平干线子系统的设备。当楼层信息点很多时，可以设置多个管理间。当楼层信息点很少时，也可以将楼层管理间设置在房间的一个角或者楼道内，当管理间在楼道时使用壁挂式机柜。

（5）设备间子系统

设备间子系统（图 1.1.6）就是建筑物的网络中心，有时也称为建筑物机房。一般智能建筑物都有一个独立的设备间，因为它是对建筑物的全部网络和布线进行管理和信息交换的地方。

图 1.1.5　管理间子系统

图 1.1.6　设备间子系统

设备间子系统位置和大小应该根据系统分布、规模以及设备的数量来具体确定，通常由电缆、连接器和相关支撑硬件组成，通过缆线把各种公用系统设备互连起来。主要设备有计算机网络设备、服务器、防火墙、路由器、程控交换机、楼宇自控设备主机等。

每幢建筑物内应至少设置 1 个设备间，如果电话交换机与计算机网络设备分别安装在不同的场地或有安全需要，也可设置 2 个或 2 个以上设备间，以满足不同业务的设备安装需求。

（6）进线间子系统

进线间子系统（图 1.1.7）是建筑物外部通信和信息管线的入口，也可作为入口设施和建筑群配线设备的安装场地。进线间是国家标准在系统设计内容中专门增加的，要求在建筑物前期系统设计中增加进线间，满足多家运营商需要，避免一家运营商自建进线间后独占该建筑物的宽带接入业务。进线间一般通过地埋管线进入建筑物内部，宜在土建阶段实施。

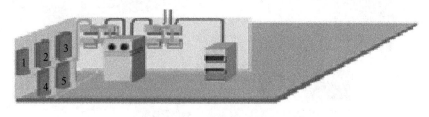

图 1.1.7　进线间子系统

1—联通运营商；2—电信运营商；3—移动运营商；4—某网络传媒；5—某宽带运营商

（7）建筑群子系统

建筑群子系统（图 1.1.8）也称为楼宇子系统，主要实现建筑物与建筑物之间的通信连接，一般采用光缆并配置光纤配线架等相应设备，它支持楼宇之间通信所需的硬件，包括缆线、端接设备和电气保护装置。

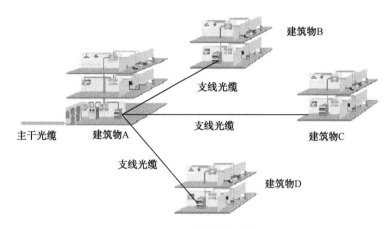

图 1.1.8　建筑群子系统

3. 综合布线系统的特点

综合布线同传统的布线相比，有许多优越性，是传统布线所无法相比的。其特点主要表现在它具有兼容性、开放性、灵活性、可靠性、先进性和经济性；并在设计、施工和维护方面也给人们带来了许多方便。

（1）兼容性

综合布线的首要特点是它的兼容性。所谓兼容性是指它自身是完全独立的而与应用系统相对无关，可以适用于多种应用系统。综合布线将语音、数据与监控设备的信号线经过统一的规划和设计，采用相同的传输媒体、信息插座、交连设备、适配器等，把这些不同信号综合到一套标准的布线中。

（2）开放性

综合布线由于采用开放式体系结构，符合多种国际上现行的标准，因此它几乎对所有著名厂商的产品都是开放的，如计算机设备、交换机设备等；并支持所有通信协议，如 ISO/IEC 8802-3，ISO/IEC 8802-5 等。

（3）灵活性

传统的布线方式是封闭的，其体系结构是固定的，若要迁移设备或增加设备是相当困难而麻烦的，甚至是不可能的。综合布线采用标准的传输线缆和相关连接硬件，模块化设计。所有设备的开通及更改均不需要改变布线，只需增减相应的应用设备以及在配线架上进行必要的跳线管理即可。

（4）可靠性

综合布线采用高品质的材料和组合压接方式构成一套高标准的信息传输通道。所有线槽和相关连接件均通过 ISO 认证，每条通道都要采用专用仪器测试链路阻抗及衰减率，以保证其电气性能。应用系统布线全部采用点到点端接，任何一条链路故障均不影响其他链路的运行，这就为链路的运行维护及故障检修提供了方便，从而保障了应用系统的可靠运行。

各应用系统往往采用相同的传输媒体，因而可互为备用，提高了备用冗余。

（5）先进性

综合布线采用光纤与双绞线混合布线方式，极为合理地构成了一套完整的布线。所有布线均采用世界上最新通信标准，链路均按八芯双绞线配置。5 类双绞线带宽可达 100MHz，6 类双绞线带宽可达 200MHz。对于特殊用户的需求也可把光纤引到桌面。语音干线部分采用钢缆，数据部分采用光缆，为同时传输多路实时多媒体信息提供足够的带宽容量。

（6）经济性

综合布线比传统布线更具经济性优点，主要是因为综合布线可适应相当长时间内的需求，传统布线改造很费时间，耽误工作，造成的损失更是无法用金钱计算的。

通过上面的讨论可知，综合布线较好地解决了传统布线方法存在的许多问题，随着科学技术的迅猛发展，人们对信息资源共享的要求越来越迫切，越来越重视能够同时提供语音、数据和视频传输的集成通信网。因此，综合布线取代单一、昂贵、复杂的传统布线，是历史发展的必然趋势。

4．标准的重要性

随着我国经济的不断发展，群众的生活水平及对社会服务的需求也越来越高。现在人类社会已经进入信息化社会，人们对信息网络的要求也随之越来越高。

综合布线是智能建筑的重要组成部分，综合布线的质量将直接影响建筑物的使用功能，也直接影响工程总等价和工程质量。我们必须在实际综合布线项目设计施工中，严格遵循国家相关标准和地方标准，从而保证网络工程的通信质量。

5．标准分类

标准分为强制性和建议性两种。

（1）强制性标准

所谓强制性是指要求是必须满足的，而建议性要求意味着也许可能或希望。强制性标准通常适用于保护、生产、管理，它强调了绝对的、最小限度可接受的要求，建议性或希望性的标准通常针对最终产品。在某种程度上在统计范围内确保全部产品同使用的设施设备相适应体现了这些准则。

（2）建议性标准

建议性标准是用来在产品的制造中提高生产率的标准，建议性的标准是为了达到一个目的，即为设计要努力达到未来的特殊的兼容性或实施的先进性而设计的标准。

无论是强制性的要求还是建议性的要求都是为同一标准的技术规范。

综合布线的标准从适用范围上分类，有国内和国际两种。

在实际综合布线系统工程中，各国都参照国际标准，制定出适合自己国家的国家标准。近年来，我国也非常重视国家标准的编写和发布。一般国内的综合布线都以国内的标准为主。

（1）国际标准

综合布线标准基本上都是由具有相当影响力的标准组织制定的，如 TIA/EIA、ISO/IEC、IEEE、CENELEC 等。各组织简介如下。

TIA/EIA（国通信工业协会/电子工业协会）。

ISO/IEC（国际标准化组织/国际电工委员会）。

IEEE（电子电气工程师协会）。

CENELEC（欧洲标准化委员会）。

目前在参考国际标准时，主要参考以下几个标准。

1）美洲标准：TIA/EIA 为综合布线制定了一系列标准，例如，EIA/TIA-568《商业建筑通信布线系统标准》，EIA/TIA-569《商业建筑电信通道及空间标准》，EIA/TIA-606《商业建筑物电信基础结构管理标准》，EIA/TIA-607《商业建筑物接地和接线规范标准》。

2）ISO 标准：ISO/IEC 11801《信息技术——用户房屋综合布线标准》，IEEE 802/ISO IEEE 802（802.1—802.11）《局域网综合布线标准》。

3）欧洲标准：CENELEC 颁布的标准与 ISO/IEC 11801 基本相符，但要求更严格，EN50173《信息技术——布线系统标准》。

（2）国内标准

GB 50311—2007《建筑与建筑群综合布线系统工程设计规范》。

GB 50312—2007《建筑与建筑群综合布线系统工程施工和验收规范》。

《综合布线系统管理与运行维护技术白皮书》。

《数据中心布线系统工程应用技术白皮书》。

《屏蔽布线系统设计与施工检测技术白皮书》。

《光纤配线系统设计与施工技术白皮书》。

GB 50174—2008《电子信息系统机房设计规范》。

GB/T 20299.1—2006《建筑及居住区数字化技术应用 第 1 部分：系统通用要求》。

GB/T 20299.2—2006《建筑及居住区数字化技术应用 第 2 部分：检测验收》。

GB/T 20299.3—2006《建筑及居住区数字化技术应用 第 3 部分：物业管理》。

GB/T 20299.4—2006《建筑及居住区数字化技术应用 第 4 部分：控制通信协议应用要求》。

YD/T 926.1—2001《大楼通信综合布线系统第一部分：总规范》。

YD/T 926.2—2001《大楼通信综合布线系统第二部分：综合布线用电缆光缆技术要求》。

YD/T 926.3—2001《大楼通信综合布线系统第三部分：综合布线用连接硬件技术要求》。

CJ/T 376—2011《居住区数字系统评价标准》。

6. 综合布线常用的图标

综合布线常用的图标如图 1.1.9 所示。

配线设备：　　　　　　　信息插座：TO

集合点：CP　　　　　　　终端设备：TE

图 1.1.9　常用图标

7. 信道和链路构成图

GB 50311—2007《综合布线系统工程设计规范》中布线系统信道（图 1.1.10）和链路构成图（图 1.1.11），允许在永久链路的水平缆线安装施工中增加集合点。

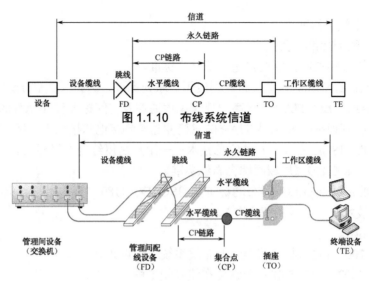

图 1.1.10 布线系统信道

图 1.1.11 链路构成图

‖【任务实施】

1. 网络拓扑图

了解网络工程的网络拓扑图，如图 1.1.12 所示。

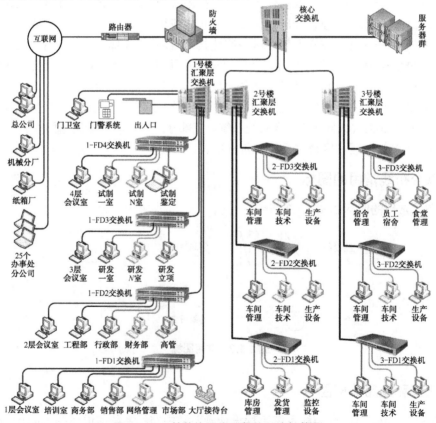

图 1.1.12 某单位网络工程的网络拓扑图

2．功能布局图

熟悉建筑功能布局图，如图 1.1.13 所示。

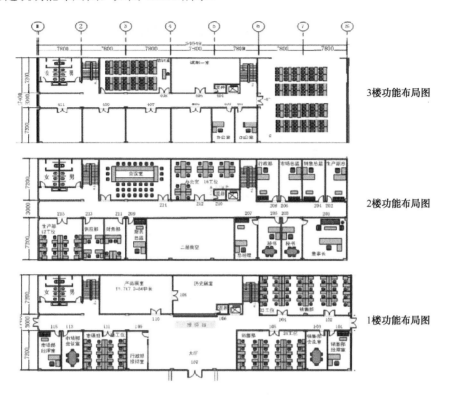

图 1.1.13　建筑功能布局图

3．综合布线系统展示图

巩固综合布线系统展示图，如图 1.1.14 所示。

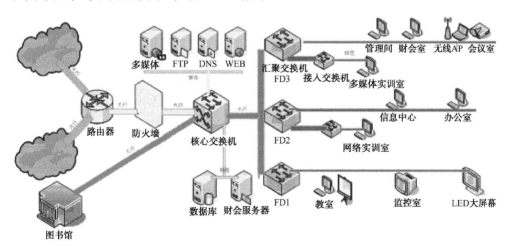

图 1.1.14　系统展示图

1—建筑群干线子系统（红色）；2—进线间子系统（青色）；3—设备间子系统（黄色）；4—管理间子系统（橙色）；
5—垂直干线子系统（绿色）；6—水平干线子系统（蓝色）；7—工作区子系统（紫色）

4．综合布线系统图

掌握综合布线系统图，如图 1.1.15 所示。

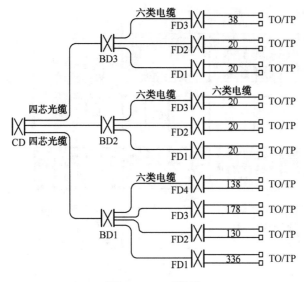

图 1.1.15 系统图

5．参观综合布线系统

（1）工作区子系统

统计房间号、网络连接器件（网络模块、语音模块、面板、底盒、跳线等）和网络终端（计算机、打印机、考勤机、复印机等）的品牌、型号、铺装方法、数量等，如表 1.1.1 所示。

表 1.1.1 工作区子系统统计表

楼号	房间号	子系统归属	序号	分类	品牌	型号	数量	备注
		工作区	1	网络模块				
		工作区	2	语音模块				
		工作区	3	画板				
		工作区	4	底盒				
		工作区	5	跳线				
		工作区	6	计算机				
		工作区	7	电话				
		工作区	8	复印机				
		工作区	9	传真机				
		工作区	10	打印机				
		工作区	11	考勤机				
		工作区	12	其他				

（2）水平子系统

水平子系统桥架如图 1.1.16 所示。

图 1.1.16 水平子系统桥架

统计数据点和语音点采用线缆品牌、型号、铺装方法、数量（箱）等，如表 1.1.2 所示。

表 1.1.2 水平子系统统计表

楼号	位置	子系统	序号	分类	品牌	型号	数量	备注
		水平	1	光纤				
		水平	2	双绞线				
		水平	3	大对数				
		水平	4	网络配线架				
		水平	5	语音配线架				
		水平	6	线槽				
		水平	7	线管				
		水平	8					

（3）垂直子系统

统计垂直子系统位置，线缆、线槽、线管的品牌、型号、数量、预留情况、特殊要求情况等，如表 1.1.3 所示。

表 1.1.3 垂直子系统统计表

楼号	位置	子系统归属	序号	分类	品牌	型号	数量	铺装方法
		垂直	1	光纤				
		垂直	2	双绞线				
		垂直	3	大对数				
		垂直	4	网络配线架				
		垂直	5	语音配线架				
		垂直	6	线槽				
		垂直	7	线管				

（4）管理间子系统

统计管理间位置、管理间数量以及配线架、理线架、跳线和必要的网络设备的品牌、型号、铺装方法、数量等，如表 1.1.4 所示。

表 1.1.4　管理间子系统统计表

楼号	房间号	子系统归属	序号	分类	品牌	型号	数量	备注
		管理间	1	机柜				
		管理间	2	网络配线架				
		管理间	3	语音配线架				
		管理间	4	光纤终端盒				
		管理间	5	交换机				
		管理间	6	跳线				
		管理间	7	线槽				
		管理间	8	线管				
		管理间	9	网线标签				
		管理间	10	接地排				
		管理间	11	其他				
		管理间	12					

（5）设备间子系统

统计设备间子系统位置，网络设备和相关设备的品牌、型号、铺装方法、数量等，如表 1.1.5 所示。

表 1.1.5　设备间子系统统计表

楼号	房间号	子系统归属	序号	分类	品牌	型号	数量	备注
		设备间	1	机柜				
		设备间	2	网络配线架				
		设备间	3	语音配线架				
		设备间	4	光纤终端盒				
		设备间	5	防火墙				
		设备间	6	路由器				
		设备间	7	交换机				
		设备间	8	服务器				
		设备间	9	跳线				
		设备间	10	线槽				
		设备间	11	线管				
		设备间	12	网线标签				
		设备间	13	接地排				
		设备间	14	UPS				
		设备间	15					

（6）进线间子系统

统计进线间子系统网络运营商名称、数量、带宽以及光缆品牌、型号、铺装方式等，如表 1.1.6 所示。

表 1.1.6 进线间子系统统计表

楼号	房间号	子系统归属	序号	分类	运营商	品牌	型号	备注
		进线间	1	光缆交接箱				
		进线间	2	光缆交接箱				
		进线间	3	光缆交接箱				

（7）建筑群子系统

统计建筑群网络设备和线缆的品牌、型号、数量、铺装方式等，如表 1.1.7 所示。

表 1.1.7 建筑群子系统统计表

楼号	房间号	子系统归属	序号	分类	品牌	型号	数量	备注
		建筑群	1	机柜				
		建筑群	2	光纤配线架				
		建筑群	3	核心交换机				
		建筑群	4	汇聚交换机				
		建筑群	5	光纤终端盒				
		建筑群	6	光纤跳线				
		建筑群	7	光缆				
		建筑群	8	线槽				
		建筑群	9	浪涌保护器				
		建筑群	10					

【任务测评】

一、填空题

1. 综合布线系统一般逻辑性地分为_____、_____、_____、_____、_____、_____、_____、7 个子系统，它们相对独立，形成具有各自模块化功能的子系统，成为一个有机的整体布线系统。

2. 综合布线系统的特点主要有_____、_____、_____、_____、_____、_____。

3. 填写下列综合布线标识。

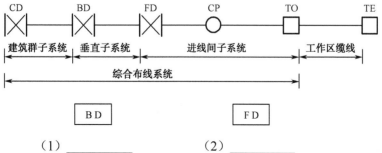

（1）_____ （2）_____

$$\boxed{CP}$$

（3）_____

$$\boxed{FD}$$

（4）_____

$$\boxed{TO}$$

（5）_____

二、简答题

1. 标出图 1.1.17 中综合布线的七大系统。

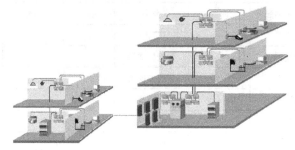

2. 画出参观考察的大楼综合布线的系统图。
3. 试用通俗科普的语言对客户讲解本任务综合布线的相关知识。

任务2 认识综合布线常用器材和工具

▌核心技术

◆ 综合布线常用器材
◆ 综合布线常用工具

▌任务目标

◆ 认识综合布线常用传输介质
◆ 认识综合布线连接器件
◆ 认识综合布线常用管槽和桥架
◆ 认识综合布线机柜
◆ 认识综合布线常用工具

▌知识摘要

◆ 双绞线及水晶头、信息模块、配线架等连接器件
◆ 光纤、光缆及光纤连接头、光纤耦合器等连接器件
◆ 线管、线槽及桥架
◆ 壁挂式机柜、立式机柜及开放式机柜
◆ 综合布线常用工具

▮▮【任务背景】

某办公楼的综合布线工程将要启动，小李是某综合布线企业技术员，公司领导要求他针对本工程设计图样，选用器材和工具，提供一个方案。综合布线企业技术员要从网上搜索并下载相关的资料，考察耗材市场，走访综合布线施工现场，先了解综合布线常用的器材和工具。

▮▮【任务分析】

分析一：要对某单位的办公楼进行综合布线前，应该先了解综合布线所需的各类传输介质、连接器件及相关器材，了解它们的属性、参数和用途等数据，这样才能在进行综合布线时做出正确的选择。

分析二：在综合布线工程中，首先是器材和工具的选择问题。真假的鉴别，性价比的选择都直接影响综合布线工程质量。

分析三：综合布线的专业人士也必须经常走访市场，新技术、新器材和新工具是相辅相成的，时时与市场接轨，掌握器材和工具的第一手资料，就能明确综合布线未来的发展方向。

▮▮【项目目标】

知识目标：

1）掌握双绞线的分类

2）掌握光纤及光缆的分类

3）认识双绞线及光纤连接器件

4）掌握管槽及桥架的分类

5）了解常用的综合布线工具

技能目标：

1）能够区分不同种类的双绞线

2）能够区分不同种类的光纤及光缆

3）能够识别出各种双绞线及光纤的连接器件

4）能够识别出不同种类的管槽及桥架

5）能够识别常用的综合布线工具

▮▮【任务实施】

任务 2.1 认识双绞线及其连接器件

双绞线是综合布线中最常用的传输介质，只有认识了双绞线，了解了双绞线的种类及参数后，才能为综合布线系统选择合适的双绞线。

【任务目标】

1）能够识别屏蔽与非屏蔽双绞线。

2）能够识别不同信噪比的双绞线。

3）能够通过双绞线标识识别相关参数。

4）能够识别双绞线信息插座。

5）能够识别双绞线配线架。

6）能够识别双绞线跳线。

【施工耗材】

各类双绞线，双绞线信息插座，双绞线配线架，双绞线跳线。

【工作过程】

1. 观察并区分屏蔽与非屏蔽双绞线

（1）屏蔽双绞线

屏蔽双绞线类型一般分为 F/UTP（图 1.2.1）、U/FTP、S/FTP（图 1.2.2）、SF/UTP等，名称中斜杠之前为总屏蔽层，斜杠之后为双绞线单独屏蔽层，S 指丝网（一般为铜丝网），F 指铝箔，U 指无屏蔽层。目前使用最多的 5 类、超 5 类线基本上就是 F/UTP（铝箔总屏蔽屏蔽双绞线），即在 8 根芯线外、护套内有一层铝箔，在铝箔的导电面上铺设了一根接地导线。

图 1.2.1 F/UTP   图 1.2.2 S/FTP

屏蔽层的作用简单来说就是利用金属对电磁波的反射，有效地防止外部电磁干扰进入电缆，同时阻止内部信号辐射出去，干扰其他设备的工作。需要注意的是，屏蔽双绞线只在整个电缆均有屏蔽装置，并且两端正确接地的情况下才起作用。所以，要求整个系统全部使用屏蔽器件，包括电缆、插座、水晶头和配线架等，同时建筑物需要有良好的地线系统。

（2）非屏蔽双绞线

非屏蔽双绞线（图 1.2.3）价格低，无屏蔽外套，直径小，节省所占用的空间，质量轻，易弯曲，易安装。目前，其市场占有率高达 90%。

图 1.2.3 非屏蔽双绞线

2. 观察并区分不同信噪比的双绞线

双绞线按频率和信噪比可分为：1 类、2 类、3 类、4 类、5 类、超 5 类、6 类线、7 类线。用在计算机网络通信方面的双绞线至少是三类以上。现在综合布线工程常用的是 5 类、超 5 类、6 类线、7 类线。

6 类双绞线及其结构如图 1.2.4 和图 1.2.5 所示。

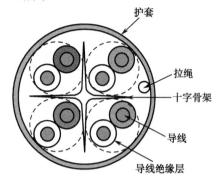

图 1.2.4　六类双绞线　　　　图 1.2.5　六类双绞线结构

3．观察并识别双绞线标识

双绞线上有一些字符，这些字符包括以下信息：双绞线的生产商和产品号码、双绞线类型、NEC/UL 防火测试和级别、CSA 防火测试、长度标志、生产日期。

例如，AMP NETCONNECT CATEGORY 5e CABLE E138034 1300 24AWG CM/MP (UL) CMG/MPG(UL) VERIFIED TO CATEGORY 5 00196930FT 20120405 的含义如下。

1）AMP NETCONNECT：指该双绞线的生产商安普。

2）CATEGORY 5e CABLE：指该双绞线通过 UL 测试，达到超 5 类标准。

3）E138034 1300：代表其产品号。

4）24AWG：AWG 是美国线规的意思，一般用来衡量电缆的粗细，这个数字越大线就越细。24AWG 就是 24 线规，即裸线的直径约为 0.511mm。

5）CM/MP（UL）、CMG/MPG(UL) VERIFIED TO CATEGORY： 表示该双绞线的类型且该双绞线 UL（Underwriters Laboratories Inc，保险业者实验室）认证为甲级。

6）00196930FT：双绞线的长度点，FT 为英尺的缩写。在施工现场，我们可以根据线缆两头的线缆长度的差值估计出实际长度。1 英尺等于 0.3048m。

7）20120405：生产日期。

4．观察双绞线信息插座

双绞线信息插座（图 1.2.6）包括信息模块、面板和底盒 3 部分。

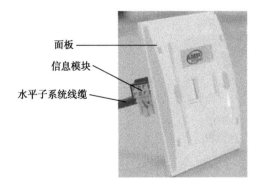

图 1.2.6　双绞线信息插座

（1）信息模块

1）信息模块按信息模块频率和信噪比可分为 3 类、4 类、5 类、超 5 类（图 1.2.7）、6 类（图 1.2.8）、超 6 类、7 类等。

图 1.2.7　超 5 类信息模块　　　　　图 1.2.8　6 类信息模块

2）按信息模块是否屏蔽可分为：屏蔽信息模块（图 1.2.9）和非屏蔽信息模块。

屏蔽信息模块通过屏蔽外壳将外部电磁波与内部电路完全隔离。因此它的屏蔽层需与双绞线的屏蔽层连接后，形成完整的屏蔽结构，如图 1.2.10 所示。

  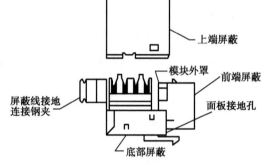

图 1.2.9　屏蔽信息模块　　　　　图 1.2.10　屏蔽信息模块结构

3）按信息模块接口类型可分为：RJ 型接口信息模块和非 RJ 型接口信息模块，如图 1.2.11 和图 1.2.12 所示。

图 1.2.11　RJ11 信息模块　　　　　图 1.2.12　非 RJ 型接口 7 类 GG45 信息模块

4）按信息模块是否需要打线工具可分为：打线式信息模块和免打线式信息模块，如图 1.2.13 和图 1.2.14 所示。

免打线式信息模块是不需要使用打线工具的模块。一般的免打线式信息模块上都按颜色标有线序，接线时，将剥好的线插入对应的颜色下，再合上免打线式信息模块的盖子即可。

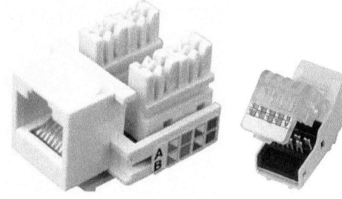

图 1.2.13 打线式信息模块　　　　　　　图 1.2.14 免打线式信息模块

（2）面板

1）面板按用户数量分为单口、双口、多口面板。

2）面板按外形尺寸分为 86 型（图 1.2.15）和 120 型等面板。

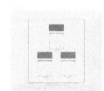

图 1.2.15 86 型墙壁面板

86 型面板是 86mm×86mm，通常采用高强度塑料材料制成，适合安装在墙面，具有防尘功能。120 型面板是 120mm×86mm，通常采用铜等金属材料制成，适合安装在地面，具有防尘、防水功能。

3）面板按安装位置分为墙壁、桌面（图 1.2.16）、地面（图 1.2.17）等面板。

图 1.2.16 120 型桌面面板　　　　　图 1.2.17 120 型地面面板

4）面板按材质分为 PC 和 ABS 等面板。

PC 即聚碳酸酯树脂，是一种主要的工程塑料材质，目前强电开关面板大部分使用此材料。ABS 是一种综合性能良好的混合树脂，综合布线的信息面板大部分使用此类材质。

5）面板按模块插入方向可以分为平口面板和斜角面板，如图 1.2.18 和图 1.2.19 所示。

斜角面板泛指模块口所有向下倾斜的面板。它躲避了平口面板的缺点，灰尘和凝水可以自然滑出模块，跳线始终保持自然的大角度下垂，即使受到外力也不会使弯曲半径小于标准要求。

图 1.2.18　平口面板　　　　　　　　图 1.2.19　斜角面板

（3）底盒

常用底盒分为明装底盒和暗装底盒，如图 1.2.20 和图 1.2.21 所示。明装底盒通常采用高强度塑料材料制成。暗装底盒有使用塑料材料制成的也有使用金属材料制成的。

图 1.2.20　明装底盒　　　　　　　　图 1.2.21　暗装底盒

5. 观察双绞线配线架

1）配线架按功能分有网络配线架（数据配线架）和语音配线架。

语音配线架一般采用 110 配线架，主要是上级程控交换机过来的接线与到桌面终端的语音信息点连接线之间的连线和跳线部分，以便于管理、维护和测试。

110 配线架有 25 对、50 对、100 对、300 对多种规格。110 配线架装有若干齿形条，沿配线架正面从左右均有色标，以区别各条输入线。这些输入线放入齿形条的槽缝，再与连接块接合，利用打线钳工具，就可将配线环的连线"冲压"到 110C 连接块上。

110 配线架有多种结构，下面介绍 3 种主要的类型。

① 110A 型配线架，如图 1.2.22 所示。

110A 型配线架有若干引脚，俗称带腿的 110 配线架，110A 型配线架可以应用于所有场合，特别是大型电话应用场合，通常直接安装在二级交接间、配线间或设备间墙壁上。

② 110D 型配线架，如图 1.2.23 所示。

110D 型配线架适用于标准布线机柜安装。

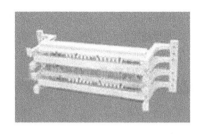

图 1.2.22 110A 型配线架

图 1.2.23 110D 型配线架

③ 110P 型配线架，如图 1.2.24 所示。

110P 型配线架由 100 对 110D 配线架及相应的水平过线槽组成，安装在一个背板支架上，底部有一个半密闭的过线槽，110P 型配线架有 300 对和 900 对两种。

2）网络配线架（图 1.2.25）按端口是否固定分为固定端口配线架和模块式配线架。

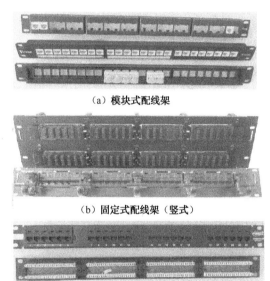

（a）模块式配线架

（b）固定式配线架（竖式）

（c）固定式配线架（横式）

图 1.2.25 网络配线架

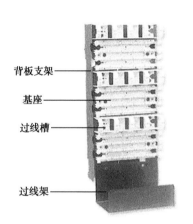

背板支架

基座

过线槽

过线架

图 1.2.24 110P 型配线架

3）网络配线架按其是否屏蔽可分为非屏蔽配线架和屏蔽配线架，如图 1.2.26 所示。

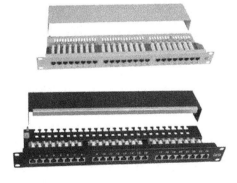

图 1.2.26 屏蔽配线架

4）网络配线架按频率和信噪比分为 5 类、超 5 类、6 类线、7 类线等配线架。目前在一般局域网中常见的是超 5 类或者 6 类配线架（图 1.2.27）。7 类配线架（图 1.2.28）是目前最新的配线架。

图 1.2.17　6 类配线架

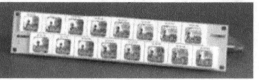

图 1.2.28　7 类配线架

6.　观察双绞线跳线

（1）110－110 跳线

110－110 跳线由鸭嘴头和软线组成。110－110 跳线分为 1 对（图 1.2.29）、2 对（图 1.2.30）和 4 对（图 1.2.31）共 3 种。

图 1.2.29　1 对 110－110 跳线

图 1.2.30　2 对 110－110 跳线

图 1.2.31　4 对 110－110 跳线

（2）RJ45-RJ45 跳线

RJ45-RJ45 跳线也称网络跳线，分为非屏蔽（图 1.2.32）和屏蔽两种（图 1.2.33）。

（3）110-RJ45 跳线

110-RJ45 跳线（图 1.2.34）一端适配 110 插头，另一端预置 RJ45 插头的跳线。

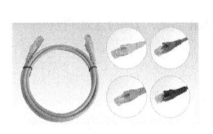

图 1.2.32　非屏蔽 RJ45-RJ45 跳线

图 1.2.33　屏蔽 RJ45-RJ45 跳线

图 1.2.34　110-RJ45 跳线

（4）智能跳线

智能跳线（图 1.2.35）采用了独特的 9 芯电缆，其中 8 芯传输网络数据，1 芯传输扫描信号，插头上具有伸缩性探针。跳线插入端口后会触动开关，这样不需要特殊的跳线即可完成链路追踪的功能。但这种方式在操作过程中要特别保证跳线连接的顺序，这样就会大大提高后期维护和管理的复杂性。

图 1.2.35　智能跳线

（5）连接块

1）水晶头：水晶头是网络连接中重要的接口设备，因其外观像水晶一样晶莹透亮而得名。网络水晶头有两种，一种是 RJ45，一种是 RJ11（图 1.2.36）。RJ11 连接头常用于语音连接，电话线的插头使用的就是 RJ11 连接头。RJ45 接口通常用于数据传输。根据双绞线的类型，有 5 类、超 5 类、6 类 RJ45 连接头；根据屏蔽与非屏蔽布线系统，有非屏蔽 RJ45 连接头（图 1.2.37）和屏蔽 RJ45 连接头（图 1.2.38）。

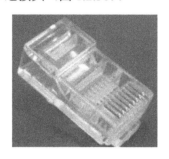

图 1.2.36　RJ11 水晶头　　　图 1.2.37　非屏蔽 RJ45 连接头　　　图 1.2.38　屏蔽 RJ45 连接头

2）110C 连接块：110 配线系统中都用到了连接块（Connection Block），称为110C，有 3 对线（110C-3）（图 1.2.39）、4 对线（110C-4）（图 1.2.40）和 5 对线（110C-5）（图 1.2.41）3 种规格的连接块。

图 1.2.39　3 对 110C 连接块　　　图 1.2.40　4 对 110C 连接块　　　图 1.2.41　5 对 110C 连接块

3）鸭嘴连接块（图 1.2.42）：110 配线系统中快速端接还会用到鸭嘴连接块，鸭嘴连接块分为 1 对、2 对、4 对鸭嘴连接块。

图 1.2.42　鸭嘴连接块

任务2.2　认识光纤与光缆及其连接器件

【任务描述】

与双绞线相比，光纤具有无法比拟的优点，如频带宽，通信容量大，损耗低，中继距离长，抗电磁干扰，适应恶劣环境，无串单干扰，保密性好，线径细，便于敷设，原材料资源丰富，节约材料等。光纤与光缆已成为目前综合布线系统的主流选择。

【任务目标】

1）能够识别不同种类的光纤。
2）能够识别不同种类的光缆。
3）能够识别不同种类的光纤连接器。
4）能够识别光纤跳线。
5）能够识别光纤配线设备。

【施工耗材】

各类光纤与光缆，光纤连接器，光纤跳线，光纤配线设备。

【工作过程】

1．识别不同种类的光纤

1）按传输模式分类，分为单模光纤和多模光纤。

单模光纤的纤芯相应较细、传输频带宽、容量大、传输距离长，通常在建筑物之间或地域分散时使用。

多模光纤的芯线粗、传输速度低、距离短、整体的传输性能差，但其成本比较低，一般用于建筑物内或地理位置相邻的环境。

2）按折射率分布分类，分为跃变式光纤和渐变式光纤。

3）按工作波长分类，分为短波长光纤、长波长光纤、超长波长光纤。

多模光纤的工作波长为短波长 850nm 和长波长 1300nm，单模光纤的工作波长为长波长 1310nm 和超长波长 1550nm。

2．识别不同种类的光缆

（1）光缆的结构（图 1.2.43）

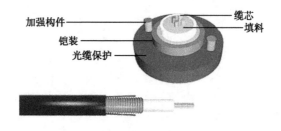

图 1.2.43　光缆结构

1）缆芯：光缆中包含的光纤构成缆芯。缆芯可以放在光缆的中心或非中心部位。

2）加强构件：在光缆中心或外护层内加入钢丝或玻璃纤维增强塑料，用来增强光缆的拉伸强度。

3）光缆护层：光缆从里到外加入一层或多层圆筒状护套，用来防止外界各种自然外力和人为外力的破坏。护套应具有防水防潮、抗弯抗扭、抗拉抗压、耐磨耐腐蚀等特点。

4）填料：在缆芯与护套之间填充防潮油膏，用来阻止外界水分和潮气侵入缆芯。

5）铠装：钢丝、钢带等坚硬金属材料做成光缆的外护套，进一步提高光缆强度，用来防鼠、防虫、防火、防外力损坏。

6）其他：有些光缆内放入若干根铜导线，用做中继馈电线、监控信号线等。

（2）光缆分类

1）按缆芯特征分为束管式光缆、层绞式光缆、带状式光缆、骨架式光缆，如图 1.2.44 所示。

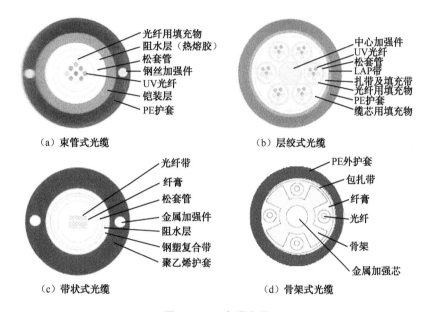

图 1.2.44 光缆分类

2）按光缆的应用环境条件，可将其分为室内型光缆和室外型光缆。室外型光缆根据敷设方式可以分为架空式光缆、直埋式光缆、管道式光缆、海底式光缆，如图 1.2.45 所示。

3）按缆芯芯数分类，分为单芯光缆、2 芯光缆、4 芯光缆、6 芯光缆、8 芯光缆、12 芯光缆、24 芯光缆、36 芯光缆，48 芯光缆、56 芯光缆，72 芯光缆、96 芯光缆、144 芯光缆等。

3．识别不同种类的光纤连接器件与光纤跳线

（1）光纤连接器的分类

1）按传输媒介的不同可分为硅基和塑胶。

2）按连接头结构形式可分为：FC（图 1.2.46）、SC（图 1.2.47）、ST（图 1.2.48）、LC（图 1.2.49）、D4、DIN、MU、MT 等光纤连接器。

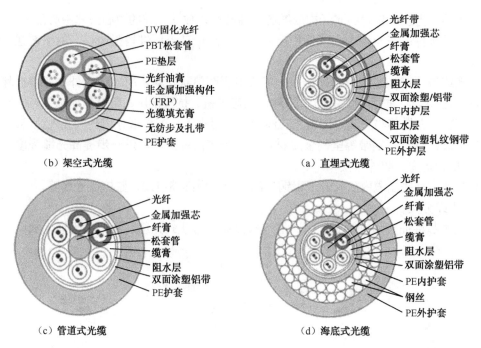

图 1.2.45　室外型光缆

图 1.2.46　FC 型光纤连接器　　　　图 1.2.47　SC 型光纤连接器

图 1.2.48　ST 型光纤连接器　　　　图 1.2.49　LC 型光纤连接器

按光纤芯数划分还有单芯和多芯（如 MT-RJ）。

（2）光纤跳线分类（图 1.2.50）

光纤跳线有单芯和双芯、单模和多模之分。单模光纤跳线一般用黄色表示，多模光纤跳线一般用橙色表示，也有的用灰色表示。

图 1.2.50 光纤跳线

根据光纤跳线两端的连接器的类型，光纤跳线有以下多种类型。

1）ST-ST 跳线：两端均为 ST 连接器的光纤跳线。

2）SC-SC 跳线：两端均为 SC 连接器的光纤跳线。

3）FC-FC 跳线：两端均为 FC 连接器的光纤跳线。

4）LC-LC 跳线：两端均为 LC 连接器的光纤跳线。

5）ST-SC 跳线：一端为 ST 连接器，另一端为 SC 连接器的光纤跳线。

6）ST-FC 跳线：一端为 ST 连接器，另一端为 FC 连接器的光纤跳线。

7）FC-SC 跳线：一端为 FC 连接器，另一端为 SC 连接器的光纤跳线。

（3）尾纤（图 1.2.51）

尾纤又称猪尾线，只有一端有连接头，而另一端是一根光缆纤芯的断头，通过熔接与其他光纤纤芯相连，常出现在光纤终端盒内，用于连接光缆与光纤收发器。

图 1.2.51 尾纤

4. 识别不同种类的光纤配线设备

（1）光纤配线架

光纤配线架（Optical Distribution Frame，ODF）是光缆和光通信设备或光通信设备之间的配线连接设备，如图 1.2.52 所示。

图 1.2.52 光纤配线架

光纤配线架是光传输系统中一个重要的配套设备，主要用于光缆终端的光纤熔接、光连接器安装、光路的调接、多余尾纤的存储及光缆的保护等，它对于光纤通信网络安全运行和灵活使用有重要作用。

（2）光纤接续盒

光缆接续盒，如图 1.2.53 所示，又称光缆接头盒，适用于各种结构光缆的架空、管道、直埋等敷设方式的直通和分支连接。在光缆布线中有时需要将两根光缆连接起来，通常采用将光缆剥开露出光纤，然后进行熔接的方法，并对光纤熔接点进行保护，防止外界环境的影响，这时就用到光纤接续盒。光纤接续盒的功能就是将两段光缆连接起来，并进行固定。

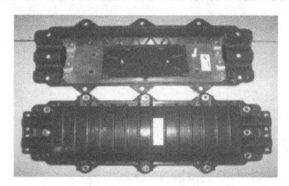

图 1.2.53　光纤接续盒

光纤接续盒内有光缆固定器、熔接盘和过线夹。光缆接续盒分为室内和室外两种类型，室外光纤接续盒可以防水，但也可以用在室内。

（3）光纤信息插座

光纤信息插座（图 1.2.54）可分成 ST、SC、LC、MT-RJ、其他几种类型。按连接的光纤类型又分成多模、单模两种。信息插座的规格有单孔、二孔、四孔、多用户等。

图 1.2.54　光纤信息插座

任务 2.3　认识综合布线常用的管槽和桥架

【任务描述】

在综合布线系统中，通常情况下很少直接布线，而是先安装好线管、线槽和桥架等保护设施，再将传输介质敷设在线管、线槽和桥架中。

【任务目标】

1）能够识别不同种类的线管。

2）能够识别不同种类的线槽。

3）能够识别不同种类的桥架。

【施工耗材】

各类常见线管，各类常见线槽，各类常见桥架。

【工作过程】

1. 认识不同种类的线管

（1）线管定义

线管是综合布线工程中不可缺少的配件，一般用于水平子系统或者工作区子系统。线管有钢管、塑料管、室外用的混凝土管以及高密度乙烯材料（HDPE）制成的双壁波纹管等。

（2）钢管

钢管（图1.2.55）具有机械强度高，密封性能好，抗弯、抗压和抗拉能力强等特点，尤其具有屏蔽电磁干扰的作用，管材可根据现场需要任意截锯拗弯，安装施工方便。但它存在管材重、价格高且易锈蚀等缺点，所以在综合布线中一些特别场合需要用塑料管来代替。

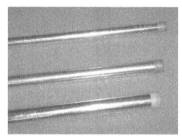

图1.2.55 钢管

钢管按照制造方法不同可分为无缝钢管和焊接钢管两大类。金属管还有一种是软管（俗称蛇皮管），可供在弯曲的地方使用。在金属管内穿线比线槽布线难度更大一些，在选择金属管时要注意管径选择大一点，一般管内填充物占30%左右，以便于穿线。

（3）塑料管

塑料管（图1.2.56）是由树脂、稳定剂、润滑剂及添加剂配制挤塑成形的。目前用于电信线缆护套管的主要有以下产品：聚氯乙烯管材（PVC-U管）、高密聚乙烯管材（HDPE管）、双壁波纹管、子管、铝塑复合管、硅芯管和混凝土管等。由于PVC-U管具有阻燃性能，因此对综合布线系统防火极为有利。此外，在有些软聚氯乙烯实壁塑料管使用场合中，有时也采用低密度聚乙烯光壁（LDPE）子管。

在室内布线系统中，常用的PVC管型号为ϕ20mm及ϕ40mm。

与PVC管配合使用的配件一般如下。

1）管卡——用于固定PVC管。

2）接头——用于连接线管，延长线管长度。

3）弯头——一般为90°直角弯头，用于线管直角弯。

4）三通——用于线管的分支。

配件如图1.2.57所示。

图 1.2.56　塑料管

图 1.2.57　配件

2．认识不同种类线槽

图 1.2.58　线槽

（1）线槽定义

线槽又名走线槽、配线槽、行线槽，是用来将电源线、数据线等线材规范整理，固定在墙上或者天花板上的布线工具，如图 1.2.58 所示。

（2）线槽的种类

线槽有金属线槽和 PVC 线槽（图 1.2.29）。PVC 线槽的品种规格很多，从型号上分为 PVC-20 系列、PVC-25 系列、PVC-25F 系列、PVC-30 系列、PVC-40 系列、PVC-40Q 系列等；从规格上分为 20mm×12mm 、 25mm×12.5mm 、 25mm×25mm 、 30mm×15mm 、40mm×20mm 等。

PVC 线槽配套的附件有：阳角、阴角、直转角、平三通、左三通、右三通、连接头、终端头、接线盒（暗盒、明盒）等，如图 1.2.60 所示。

图 1.2.59　PVC 线槽

（a）阴角

（b）平三通

（c）阳角

（d）直转角

（e）大小转换头

（f）终端头

图 1.2.60　PVC 线槽连接件

3．认识不同种类桥架

（1）桥架

桥架是一个支撑和放电缆的支架。桥架在工程上使用的很普遍，只要铺设电缆就要用桥架。电缆桥架具有品种全、应用广、强度大、结构轻、造价低、施工简单、配线灵活、安装标准、外形美观等特点。

（2）桥架的分类

1）按组成材料来分，可分为中碳钢、不锈钢、铝合金、玻璃钢桥架等。

不锈钢桥架：高耐蚀不锈钢桥架能适用于各种化工企业的酸、碱性大气重腐蚀介质中，不但使用寿命长，而且美观、易清洁，是其他任何材料桥架产品无法替代的。

铝合金电缆桥架：采用铝合金型材为主要材料加工而成，具有质轻美观，防腐耐用等优点，特别适用于高层建筑、现代化厂房。

玻璃钢桥架：由玻璃纤维增强塑料和阻燃剂及其他材料组成，通过复合模压料加不锈钢屏蔽网压制而成。由于其所选材料具有较低的导热系数，加之阻燃剂的加入使产品不但具有耐火隔热性、自熄性，而且具有很高的耐腐蚀性，同时具有结构轻、耐老化、安全可靠等优点，在一般环境中，特别是在沿海多雾地区、高湿度和有腐蚀性的环境中，更能显示出它的优势。

图1.2.61 钢结构桥架

图1.2.61所示为钢结构桥架。

2）按样式来分，可分为槽式、梯式、托盘式、网格式桥架等。

槽式电缆桥架（图1.2.62）：槽式电缆桥架是一种全封闭型电缆桥架。它最适用于敷设计算机电缆、通信电缆、热电偶电缆及其他高灵敏系统的控制电缆等。它对控制电缆的屏蔽干扰和重腐蚀环境中电缆的防护都有较好的作用。

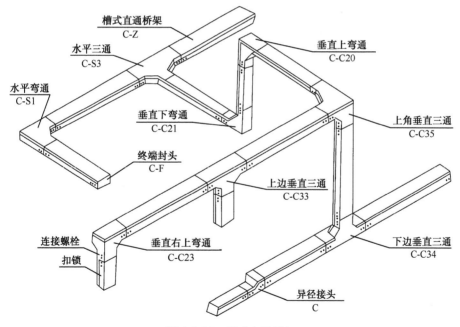

图1.2.62 槽式电缆桥架

托盘式电缆桥架（图1.2.63）：托盘式电缆桥架是石油、化工、轻工、电讯等方面应用最广泛的一种。它具有质量轻、载荷大、造型美观、结构简单、安装方便等优点。它既适用于动力电缆的安装，又适用于控制电缆的敷设。

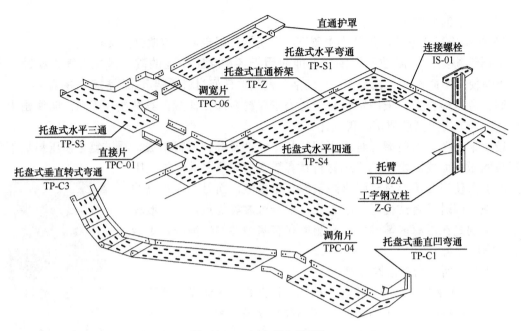

图1.2.63 托盘式电缆桥架

梯级式电缆桥架（图 1.2.64）：梯级式电缆桥架具有质量轻、成本低、造型别致、安装方便、散热、透气好等优点。

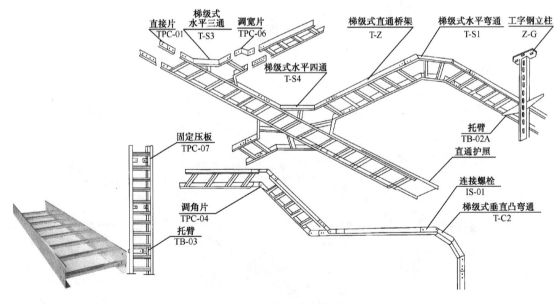

图1.2.64 梯级式电缆桥架

网格式电缆桥架（图 1.2.65）：网格式桥架作为一种新型的桥架，不但具有质量轻、载荷大、散热、透气性好、安装方便等优点，而且在环保节能及方便线缆管理等方面有不可比拟的优势。

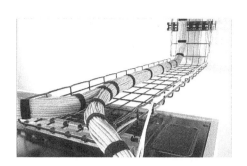

图 1.2.65　网格式电缆桥架

4．认识综合布线的机柜

（1）机柜的规格

很多工程级设备的面板宽度都采用 19 英寸，所以 19 英寸的机柜是最常见的一种标准机柜。19 英寸标准机柜外形有宽度、高度、深度 3 个常规指标。机柜的高度通常用"U"作为计量单位，1U 就是 4.445cm，机架上有固定服务器的螺孔，以便它能与服务器的螺孔对接，再用螺钉加以固定，以方便安装每一部服务器所需要的空间，24 口配线架高度为 1U，普通型 24 口交换机的高度一般也为 1U。

（2）机柜的分类

根据外形可将机柜分为立式机柜（图 1.2.66）、挂墙式机柜（图 1.2.67）和开放式机架（图 1.2.68）3 种。

图 1.2.66　立式机柜　　　图 1.2.67　挂墙式机柜　　　图 1.2.68　开放式机架

立式机柜主要用于设备间。挂墙式机柜主要用于没有独立房间的楼层配线间。与机柜相比，开放式机架具有价格便宜、管理操作方便、搬动简单的优点。机架一般为敞开式结构，不像机柜采用全封闭或半封闭结构，所以不具备增强电磁屏蔽、削弱设备工作噪声等特性。

任务 2.4　认识综合布线常用工具

【任务描述】

认识综合布线常用工具。

【任务目标】

1）能够识别常用的管槽安装工具。
2）能够识别常用的双绞线施工工具。
3）能够通过常用的光纤施工工具。

【施工耗材】

常用管槽安装工具、双绞线施工工具、光纤施工工具。

【工作过程】

1．认识常用的管槽安装工具

（1）电工工具箱

电工工具箱是布线施工中必备的工具，如图 1.2.69 所示，它一般包括以下工具：钢丝钳、尖嘴钳、斜口钳、剥线钳、一字螺钉旋具、十字螺钉旋具、测电笔、电工刀、电工胶带、活扳手、呆扳手、卷尺、铁锤、凿子、斜口凿、钢锉、钢锯、电工皮带、工作手套等。工具箱中还应常备水泥钉、木螺钉、自攻螺钉、塑料膨胀管、金属膨胀栓等小材料。

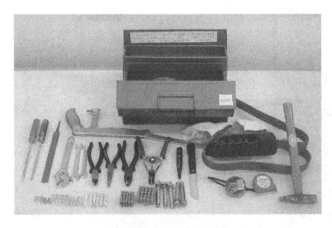

图 1.2.69　电工工具箱

（2）电源线盘

在施工现场特别是室外施工现场，由于施工范围广，不可能随地取到电源，因此要用长距离的电源线盘接电，如图 1.2.70 所示，线盘长度有 20m、30m、50m 等。

（3）弯管器

弯管器（图 1.2.71）包括金属弯管器和弹簧弯管器。弯管器使管道弯曲工整、圆滑、快捷，对其管道不产生变形、不裂变。

图 1.2.70 电源线盘   图 1.2.71 弯管器

（4）充电起子

充电起子（图 1.2.72）是工程安装中经常使用的一种电动工具，它既可当螺钉旋具使用又能当电钻使用。

（5）手电钻

手电钻（图 1.2.73）既能在金属型材上钻孔，也适用于在木材、塑料上钻孔，在布线系统安装中是经常要用到的工具。

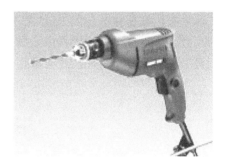

图 1.2.72 充电起子   图 1.2.73 手电钻

（6）冲击电钻

冲击电钻（图 1.2.74）简称冲击钻，是一种旋转带冲击的特殊用途的手提式电动工具。

（7）梯子

梯子如图 1.2.75 所示，主要用于进行较高位置的施工。

图 1.2.74 冲击电钻   图 1.2.75 梯子

（8）其他的施工工具

其他的施工工具包括台虎钳、管子切割器、角磨机、型材切割机等。

2．认识双绞线施工工具

（1）剥线器

剥线器使用高度可调的刀片或利用弹簧张力来控制合适的切割深度，保障切割时不会伤及导线的绝缘层，剥线钳有多种外观。图 1.2.76 所示为两款常用的剥线器。

（a）剥线器（一）   （b）剥线器（二）

图 1.2.76 剥线器

（2）压接工具

压接工具主要用来压接 8 位的 RJ45 插头和 4 位、6 位的 RJ11、RJ12 插头。它可同时提供切和剥的功效。其设计可保证模具齿和插头的角点精确地对齐，通常的压接工具都是有固定插头的，有 RJ45 或 RJ11 单用的也有双用的，如图 1.2.77 所示。

图 1.2.77 压接工具

（3）打线工具

打线工具用于将双绞线压接到信息模块和配线架上，打线工具由手柄和刀具组成，它是两端式的，一端具有打接及裁线的功能，裁剪掉多余的线头，另一端不具有裁线的功能。图 1.2.78 所示为单口打线器和 5 对打线器。

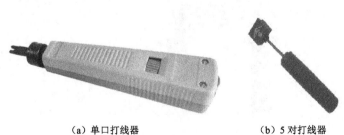

（a）单口打线器   （b）5 对打线器

图 1.2.78 打线器

（4）穿线器

穿线器是在管道中牵引布线的辅助工具，如图 1.2.79 所示。

（5）布线滑车

布线滑车用于通信井、桥架等线缆的敷设，如图 1.2.80 所示。

（a）小型穿线器　　　　　（b）玻璃纤维穿线器

图 1.2.79　穿线器

图 1.2.80　布线滑车

3．认识光纤施工工具

（1）开缆工具

开缆工具的作用是剥离光缆的外护套，如图 1.2.81 所示。

（2）光纤剥离钳

它用于剥离光纤涂覆层和外护层，光纤剥离钳的种类很多，图 1.2.82 所示为双口光纤剥离钳。

图 1.2.81　开缆工具　　　　图 1.2.82　双口光纤剥离钳

（3）光纤剪刀

光纤剪刀主要用剪光纤，使用普通剪刀会对光纤造成物理损伤，影响通信。光纤剪刀如图 1.2.83 所示。

（4）光纤切割工具

光纤切割工具用于多模和单模光纤的切割，如图 1.2.84 所示。

（5）光纤熔接机

熔接机采用芯对芯标准系统进行快速、全自动熔接，如图 1.2.85 所示。

图 1.2.83　光纤剪刀

图 1.2.84　光纤切割工具

图 1.2.85　光纤熔接机

（6）其他光纤工具

其他光纤工具包括光纤头清洗工具、FT300 光纤探测器、常用光纤工具包等。

【任务测评】

一、填空题

1．将下列图片所显示的器材名称写在横线上。

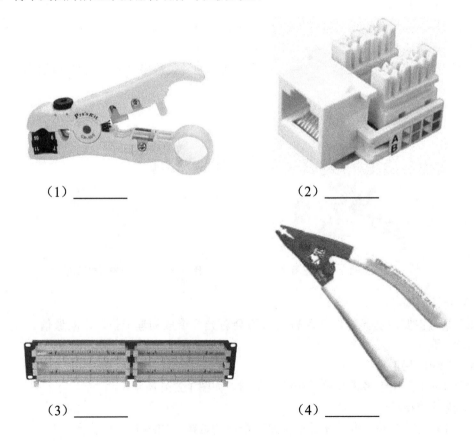

（1）_____

（2）_____

（3）_____

（4）_____

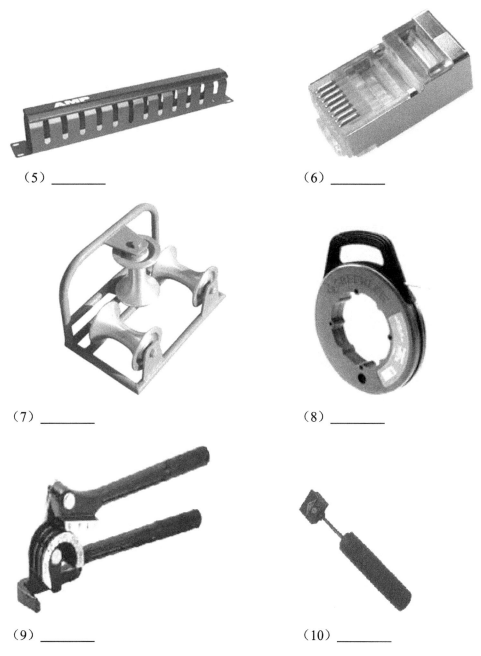

（5）_____　　　　　　　　（6）_____

（7）_____　　　　　　　　（8）_____

（9）_____　　　　　　　　（10）_____

二、简答题

双绞线电缆的外部护套上每隔两英尺会印刷一些标识。说出下列双绞线标识的含义（生产商/产品号/产品类型/认证标准/长度点/生产日期）。

VCOM V2-073725-1 CABLE UTP ANSI TIA/EIA-568A 24AWG(4PR) OR ISO/IEC 11801 VERIFIED CAT 5e 187711FT 20130821

三、讨论题

1. 若要对一个小型办公楼的综合布线工程的楼层管理间进行施工，则需要准备哪些器材和工具？

2．谈谈如何辨别真假双绞线。

四、调查题

1．调查一下你所在学校综合布线实训室，你认为还要购买哪些综合布线的器材和工具？为什么？

2．市场调查，列举 3 种双绞线市场上性价比较高和口碑较好的品牌。

项目 2　综合布线系统工程设计

█ 核心技术

◆ 绘制点数统计表

█ 任务目标

◆ 利用 Excel 设计点数统计表
◆ 完成点数统计表的填写

█ 知识摘要

◆ Excel 表格的使用
◆ 信息点的确认

█【项目背景】

某网络公司有一栋 3 层办公楼，现要重新装修，并重新分配信息点，本着实用、节约的原则，确定信息点的个数和位置。

作为综合布线的工程人员，要认真研究、确定方案的可行性，制定敷设方法，以及敷设所使用的材料等，并与业主充分沟通后，明确信息点的类型及个数。

█【项目分析】

分析一：信息点的个数及位置对敷设的方法与使用的材料有直接的影响，工程人员要对此进行充分的论证。

分析二：信息点的个数是工程量多少的重要凭据之一，在施工之前一定要得到业主的充分认可。

分析三：为了保证工程的进度及工程质量。工程人员必须进行实地勘测，明确每一个房间信息点的位置、类型及数量。

█【项目目标】

知识目标：

绘制点数统计表

技能目标：

通过实地勘测，利用 Excel 表格来绘制点数统计表

【知识准备】

在熟练掌握 Microsoft Excel 工作表使用方法的基础之上，绘制点数统计表时要注意以下几方面内容。

1）表格设计合理规范。要求文字大小适中，表格水平居中，并且表格的宽度要与纸张的宽度相匹配。

2）文件名能够正确地反映出该文档所表示的内容。

3）所有信息点的数据都要经过实地勘察认真填写，并且要区分信息点的类型，如果表格项中没有信息点，则需要填入"0"，用来表示该处已经进行过实地勘测，此处无信息点。其他的数据填写要求必须做到正确无误。

4）有相关负责人的签字才能使该文件生效，通常在签字栏目中要有"编写"、"审核"、"审定"等相关人员签字。

5）为了使文件能够生效还要加盖甲方单位公章。

6）信息点数统计表不是不可更改的，要以最后更改的文件为准，所以，在点数统计表中必须注明日期。

【项目实施】

任务 1 绘制点数统计表

【任务描述】

若要重新分配信息点，综合布线的工程人员在进场施工前，要先对该建筑的信息点进行确认，并画出点数统计表。

【任务目标】

根据模型建筑模型图绘制点数统计表，如图 2.1.1 所示。

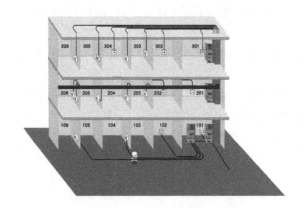

图 2.1.1　建筑模型图

楼层管理间配线机柜 FD；　建筑物设备间配线机柜 BD；　室外接线井；　信息插座

【工作过程】

1. 信息点统计表的填写说明

填写信息点统计表的具体做法：先按照楼层，再按照房间，最后按照信息插座来填写。信息插座要统一从进门左侧第一个开始数起，对于双口面板，左面的标为"Z"，右面的标为"Y"。信息点分为网络数据、语音和视频等类别，在信息点数统计表中要对以上信息点的类别进行说明并分类标明。通常网络数据用"TO"来表示，语音用"TP"来表示，视频用"TV"来表示。

2. 信息点统计表的设计过程

（1）创建文件

打开 Microsoft Office Excel 工作表，创建空白文档，并将文件命名为"信息网络公司信息点统计表"或命名为可以明确反映文件用途的其他文件名，如图 2.1.2 所示。

图 2.1.2　创建文件

（2）制作表格

在表格的第一行录入设计项目的名称，第二行填写房间编号，第三行填写数据点（TO）和语音点（TP）及视频信号（TV）。一般数据点在左，语音点在中，视频信号在右，其余各行对应楼层，同时填写楼层号。楼层号一般第一行为顶层，最后一行为底层；编制列，第一列为楼层编号，其余为房间编号，如图 2.1.3 所示。

	信息网络公司信息点统计表																				
房间号	X01			X02			X03			X04			X05			X06			合计		
楼层号	TO	TP	TV	TO	TP	TV	TO	TP	TV	TO	TP	TV	TO	TP	TV	TO	TP	TV	TO	TP	TV
第三层																					
第二层																					
第一层																					
合计																					
编写：　　　审核：　　　审定：　　　信息网络公司 2013年10月10日																					

图 2.1.3　制作表格

（3）填入数据

填写数据时要对每个房间进行检查，从楼层的第一个房间开始，对每个房间进行分析。首先确定数据信息点数量，然后考虑语音信息点和视频信号的数量。表格中对于不需要设置信息点的位置一定要填写"0"。填写时要注意如门禁、报警等信息点的核对，避免遗漏，如图 2.1.4 所示。

房间号	X01			X02			X03			X04			X05			X06			合计		
楼层号	TO	TP	TV	TO	TP	TV	TO	TP	TV	TO	TP	TV	TO	TP	TV	TO	TP	TV	TO	TP	TV
第三层	1	1	0	1	1	1	2	2	0	2	2	1	2	2	0	1	1	0			
第二层	1	1	0	1	1	1	2	2	0	2	2	0	3	3	0	2	2	0			
第一层	1	1	0	0	0	1	1	1	0	1	1	0	1	1	0	1	1	0			
合计																					

信息网络公司信息点统计表
编写：　　审核：　　审定：　　信息网络公司　2013年10月10日

图 2.1.4　填入数据

（4）统计数据

认真填入数据后，有必要对数据进行统计，先对每层的数据点、语音点和视频点进行统计，再分别对该楼的数据点、语音点和视频点进行统计。信息点统计表制作完成后，能够全面地反映出信息点的类型、位置和数量等信息，如图 2.1.5 所示。

房间号	X01			X02			X03			X04			X05			X06			合计		
楼层号	TO	TP	TV	TO	TP	TV	TO	TP	TV	TO	TP	TV	TO	TP	TV	TO	TP	TV	TO	TP	TV
第三层	1	1	0	1	1	1	2	2	0	2	2	1	2	2	0	1	1	0	9	9	2
第二层	1	1	0	1	1	1	2	2	0	2	2	0	3	3	0	2	2	0	11	11	1
第一层	1	1	0	0	0	1	1	1	0	1	1	0	1	1	0	1	1	0	5	5	1
合计																			25	25	4

信息网络公司信息点统计表
编写：　　审核：　　审定：　　信息网络公司　2013年10月10日

图 2.1.5　统计数据

（5）签字盖章

在"编写"、"审核"、"审定"等位置由相关人员签字。为了使文件能够生效还要加盖甲方单位公章。在点数统计表中必须注明日期。如果表格需要改动，要以最后更改的文件为准。

▌【任务测评】

简述信息点统计表的制作过程，并制作信息点统计表。

任务 2　绘制端口对应表

▌核心技术

◆ 绘制端口对应表

▌任务目标

◆ 利用 Microsoft Excel 设计端口对应表

◆ 完成端口对应的填写

知识摘要

◆ Microsoft Excel 表格的使用

◆ 端口对应的填写

【任务背景】

综合布线施工人员进入施工现场进行施工时，其依据是什么呢？

【任务分析】

分析一：综合布线施工人员进入施工现场以后，要明确每一根线的位置，每一个端口的作用，这样才能顺利地完成任务，所以，施工人员在进场时，要有一个端口对应表。

分析二：端口对应表是维护人员在日常维护和检查综合布线系统端口过程中快速查找、定位端口的依据。

【项目目标】

知识目标：

绘制端口对应表

技能目标：

利用 Microsoft Excel 表格来绘制端口对应表

【知识准备】

1．绘制端口对应表时的注意事项

在熟练掌握 Microsoft Excel 使用方法的基础之上，在绘制端口对应表时要注意以下几方面内容。

1）表格设计合理规范。要求文字大小适中，表格水平居中，并且表格的宽度要与纸张的宽度相匹配。

2）文件名要正确直观地反映出该文档所对应的内容。端口对应表可以按照 FD 的配线机柜编制，也可以按照楼层或者建筑物命名。

3）有相关负责人的签字才能使该文件生效，通常在签字栏目中要有"编写"、"审核"、"审定"等相关人员签字。对于可以进行修改的文件，一般要以最新日期的文件来替代以前的文件。

2．绘制端口对应表的方法

（1）创建文件并命名

打开 Microsoft Excel 软件，创建一个空白文档，将页面设置为 A4。保存文件，文件名为"信息网络公司 3 楼端口对应表.doc"。

（2）填写数据

填写项目名称、建筑物名称、楼层及机柜。

（3）确定表格填写项目

为了能够直观地反映信息点与配线架端口的对应关系，端口对应表中的编号必须包括机柜编号、配线架编号、配线架端口编号、房间编号和面板插座编号、信息点编号，如图 2.2.1 所示。

序号	信息点编号	机柜编号	配线架编号	配线架端口编号	房间编号	面板插座编号
项目名称：信息网络公司办公楼 建筑物名称：办公楼 楼层：三 机柜：1						
1						
2						
3						
4						
5						
6						
7						

图 2.2.1　端口对应表所要填写的项目

1）填写机柜编号：机柜号由楼层号加机柜号组成。我们用 FD 表示楼层，即三楼标为"FD3"，如果该楼层有多个机柜，那么第一个机柜标为"FD31"，第二个机柜标为"FD32"……

在图 2.2.2 所示的建筑模型中可以看出每一个楼层中都有一个管理间，每一个管理间只有一个机柜。所以，在机柜编号中填入"FD31"。

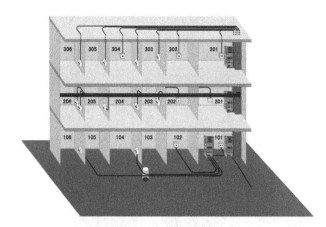

图 2.2.2　建筑模型图

▉ 楼层管理间配线机柜（FD）；　▉ 建筑物设备间配线机柜（BD）；　▉ 室外接线井；▢ ▢ 信息插座

2）填写配线架编号：因为 3 楼的信息点有数据信号、语音信号和视频信号，一般不同的信号要使用不同的配线架，由于该楼层信息点数量较少，故可使用一个 24 口的网络配线架，一个 110 通信配线架，一个铜轴电缆配线架。

3）填写配线架端口编号：通常配线架在出厂时已经在端口下方印刷了端口编号。所以，我们可以直接填入 1，2，3，4，…，24。

4）填写房间编号：在施工之前，要对每个房间用两位或三位数字进行编号，分别用来表示楼层号和房间号。例如，301 表示三楼的第一个房间，302 表示三楼的第二个房间……

5）填写面板插座编号：一个房间中可能有多个面板插座，我们要对每个面板插座进行编号，一般来说，是按照进门后从左向右的顺序依次进行编号的，即顺时针进门左侧第一个面板为"1"号，第二个面板为"2"号……

由于目前大多是双口面板，所以把面板左侧的端口编为"Z"，把面板右侧的端口编为

“Y”。

6）填写信息点编号：依次把机柜编号、配线架编号、配线架端口编号、房间编号、面板插座编号填入信息点编号当中，每一项用“－”进行分隔。

（4）填写制表信息

在端口对应表下方要填写“制表”、“审核”、“审定”、“编制单位”和“时间”等信息。

【任务实施】

【任务描述】

某网络公司现要重新装配信息点，综合布线的工程人员在进场施工时，需要对照端口对应表，对每一个端口进行标记，以方便系统管理和日常维护。

【任务目标】

根据图 2.2.2 所示建筑模型图，绘制 3 楼的端口对应表。

【工作过程】

1. 创建文件

打开 Microsoft Office Excel 工作表，创建空白文档，并将文件命名为“信息网络公司三楼端口对应表”或命名为可以明确反映文件用途的其他文件名，如图 2.2.3 所示。

图 2.2.3　创建文件

2. 制作表格

端口对应表中的编号必须包括机柜编号、配线架编号、配线架端口编号、端口位置、房间编号和面板插座编号，如图 2.2.4 所示。

项目名称：信息网络公司办公楼　建筑物名称：办公楼　楼层：三　机柜：1

序号	信息点编号	机柜编号	配线架编号	配线架端口编号	房间编号	面板插座编号
1						
2						
3						
4						
5						
6						
7						

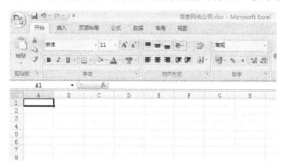

图 2.2.4　制作表格

3．填入数据

填入数据，如图 2.2.5 所示。

	A	B	C	D	E	F	G
1	项目名称：信息网络公司办公楼 建筑物名称：办公楼 楼层：三 机柜：1						
2							
3	序号	信息点编号	机柜编号	配线架编号	配线架端口编号	房间编号	面板插座编号
4	1	FD31-1-1-1-1z	FD31	1	1	1	1z
5	2	FD31-1-2-1-1y	FD31	1	2	1	1y
6	3	FD31-1-3-2-1z	FD31	1	3	2	1z
7	4	FD31-1-4-2-1y	FD31	1	4	2	1y
8	5	FD31-1-5-3-1z	FD31	1	5	3	1z
9	6	FD31-1-6-3-1y	FD31	1	6	3	1y
10	7	FD31-1-7-3-2z	FD31	1	7	3	2z
11	8	FD31-1-8-3-2y	FD31	1	8	3	2y
12	9	FD31-1-9-4-1z	FD31	1	9	4	1z
13	10	FD31-1-10-4-1y	FD31	1	10	4	1y
14	11	FD31-1-11-4-2y	FD31	1	11	4	2z
15	12	FD31-1-12-4-2y	FD31	1	12	4	2y
16	13	FD31-1-13-5-1z	FD31	1	13	5	1z
17	14	FD31-1-14-5-1y	FD31	1	14	5	1y
18	15	FD31-1-15-5-2z	FD31	1	15	5	2z
19	16	FD31-1-16-5-2y	FD31	1	16	5	2y
20	17	FD31-1-17-6-1z	FD31	1	17	6	1z
21	18	FD31-1-18-6-1y	FD31	1	18	6	1y
22	19	FD31-2-1-2-1	FD31	2	1	2	1
23	20	FD31-2-2-4-1	FD31	2	2	4	1

图 2.2.5　填入数据

4．签字盖章

在端口对应表下方要填写“制表”、“审核”、“审定”、“编制单位”和“时间”等信息，如图 2.2.6 所示。

20	17	FD31-1-17-6-1z	FD31	1	17	6	1z
21	18	FD31-1-18-6-1y	FD31	1	18	6	1y
22	19	FD31-2-1-2-1	FD31	2	1	2	1
23	20	FD31-2-2-4-1	FD31	2	2	4	1
24		制表:		审核:		审定:	
25		编制单位:				时间:	

图 2.2.6　签字

【任务测评】

简述端口对应表的制作过程，如图 2.2.2 所示，制作网络公司二楼的端口对应表。

任务 3　绘制综合布线系统工程材料统计表

核心技术

◆ 工程材料统计表

任务目标

◆ 利用 Excel 设计工程材料统计表

◆ 完成工程材料统计表的填写

知识摘要

◆ Excel 表格的使用

◆ 工程材料统计表的绘制方法

【任务背景】

工程材料统计表作为施工方的内部文件，用于对施工现场的管理和材料的采购。

【任务分析】

分析：工程项目材料的采购和施工现场的管理都需要用到工程材料统计表。

【项目目标】

知识目标：

绘制工程材料统计表

技能目标：

利用 Excel 表格来编制工程材料统计表

【知识准备】

1. 工程预算表

工程预算表共分为 10 个表格，分别是建设项目总预算表（汇总表）、工程预算总表、建筑安装工程费用预算表、建筑安装工程量预算表、建筑安装工程机械使用预算表、建筑安装工程仪器仪表使用费预算表、国内器材预算表、引进器材预算表、工程建设其他费用预算表、引进设备工程建设其他费用预算表。

其中，国内器材预算表（工程材料统计表）是反映工程项目中需要使用器材的型号、数量及费用的表格，此表只反应在国内购买的器材，如果有需要进口的器材则要在进口器材用表中另外说明。

国内器材预算表是以建筑安装工程量预算表等表格为依据进行填写的，根据工信部《通信建设工程费用定额》填写建筑安装工程量预算表后进行国内器材预算表的填写。本任务只对国内器材预算表进行说明，如表 2.3.1 所示。

表 2.3.1 国内器材预算表

（ ）表

工程名称： 建设单位名称： 表格编号： 第 页

序号	名称	规格程式	单位	数量	单价/元	合计/元	备注
I	II	III	IV	V	VI	VII	VIII

续表

序号	名称	规格程式	单位	数量	单价/元	合计/元	备注
I	II	III	IV	V	VI	VII	VIII
总计（元）							

设计负责人：　　　　　　审核：　　　　　　编制：　　　　　　编制日期：

2. 编制表格的注意事项

（1）文件名正确

在文件名中明确体现项目的名称等信息。

（2）材料名称正确

材料名称要使用规范的名词术语。例如，"水晶头"不能直接写成"水晶头"，要写明是哪一类，即需要写明是"RJ45 水晶头"还是"RJ11 水晶头"。制作网线需要的 RJ45 水晶头前端有八个凹槽，简称"8P"；凹槽内的金属触点共有 8 个，简称"8C"，即使用的是"8P8C"水晶头；制作电话线需要的水晶头有"6P2C"、"6P4C"等分类。不同型号的水晶头，它们的作用也不同，而且在价格上也有很大的差异。再如，"网线"要说明是 5 类线、超 5 类线，还是 6 类线，不同型号的双绞线，它们的带宽、串扰、回波损耗等性能参数均不同，不同的网线也要对应不同的信息模块。此外，信息面板也有单口、双口之分。所以为了便于采购和施工管理，材料名称必须正确，型号必须标明。这些都要在工程材料统计表中有所体现。

（3）材料数量合理

一箱网线为 305m，永久链路的最大长度为 90m，在实际工程中，永久链路的长度要远远小于这个数字。科学地利用网线，对余下的短线充分地利用，需要有较高的管理水平。

另外，有些双绞线每箱并不是 305m，有的只有 270m，甚至 260m，所以在编制工程材料统计表时，要标明每箱线的长度，避免材料不足，提高运输成本。

对于水晶头、标签、模块、螺钉、卡扣、线管等使用量大、价格低的材料一般需要按照工程总量多采购 10%，并由专人管理，以降低成本。

（4）签字日期正确

签字日期必须正确，严禁出现错误。

▌▌【任务实施】

【任务描述】

某网络公司现要重新装修，并重新分配信息点，综合布线的工程人员在进场施工前，要先对该工程所使用的材料进行统计，并画出工程材料统计表。

【任务目标】

根据建筑施工图（图 2.3.1），绘制工程材料统计表。

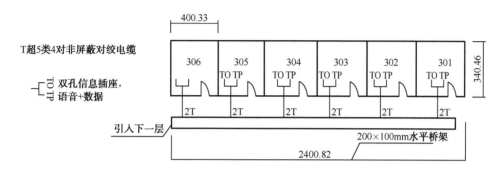

图 2.3.1　平面施工图

注：墙内线缆均采用暗管敷设，信息插座暗装，层高 3 米。

【工作过程】

填写国内器材预算表。

1．创建文件

在 Excel 中创建一个名为"网络公司办公楼材料统计表.xls"的文件并保存。

2．填写标题

在"A1"单元格中录入"项目名称：网络公司办公楼材料统计表"。

3．填写表头

从"A3"单元格开始，依次录入"序号"、"材料名称"、"规格程式"、"单位"、"数量"、"合计"和"备注"。

4．填写序号及材料名称

序号使用阿拉伯数字即可。材料名称要填写规范的名词术语，不能有歧义，需明确所需材料的唯一性。

5．填写材料规格和型号

材料的型号必须准确。例如，"网线"要标明是屏蔽双绞线还是非屏蔽双绞线，是 5 类线、超 5 类线还是 6 类线；"线槽"要标明是"39×18"线槽，还是"20×10"线槽……

6．填写数量

数量栏要以整数的方式填写。例如，水晶头数量太多，也不好计算，数量栏中可以写为"10"，单位为"盒"，并注明每盒多少个；网线可以填入"5"，单位为"箱"；线管可以填入"300"，单位为"米"。总之，要满足使用数量的要求。

完成后如表 2.3.2 所示。

表 2.3.2　填写国内器材预算表

（　）表

工程名称：网络公司办公楼　　　　　建设单位名称：综合布线公司　　　　　　　表格编号：　　第　页

序号	名称	规格程式	单位	数量	单价/元	合计/元	备注
I	II	III	IV	V	VI	VII	VIII
	水泥	C325	kg	22.00	8	176	
	粗砂		kg	66.00	2	132	
	塑料管	ϕ25	m	39.90	4	159.6	
	桥架	200×100	m	26.40	30	792	
	信息插座底盒	86×86	个	12	3	36	
	镀锌铁线	ϕ1.5	kg	1	7	7	
	镀锌钢线	ϕ1.5	kg	0.48	10	4.8	
	对绞线	超 5 类非屏蔽	m	196.80	10	1968	
	信息模块	超 5 类非屏蔽	个	12	6	72	
总计/元 334.4							

设计负责人：　　　　　　审核：　　　　　　　　编制：　　　　　　　编制日期：

▍【任务测评】

简述工程材料统计表的制作过程，并如图 2.3.1 所示，制作工程材料统计表。

任务 4　绘制综合布线系统工程施工进度表

▍核心技术

◆ 绘制综合布线系统工程施工进度表

▍任务目标

◆ 利用 Microsoft Word 设计端口对应表
◆ 完成施工进度表的填写

▍知识摘要

◆ Microsoft Word 表格的使用
◆ 施工进度表的填写

【任务背景】

综合布线施工人员进入施工现场进行施工之前，要依据施工计划合理地安排材料、设备、人员、工具的进场时间，还要保证建设工程按照合同规定的期限按期交付使用，这就需要设计施工进度表，使施工必须围绕施工进度表的要求进行。

【任务分析】

分析：为了确保施工质量、安全、按时完成，在施工之前要设计施工进度表。

【项目目标】

知识目标：
施工进度表
技能目标：
利用 Microsoft Word 表格来绘制施工进度表

【知识准备】

1. 绘制施工进度表时的注意事项

在熟练掌握 Microsoft Word 使用方法的基础之上，在绘制施工进度表时要注意以下几方面内容。

1）表格设计合理规范。要求文字大小适中，表格水平居中，并且表格的宽度要与纸张的宽度相匹配。

2）文件名要正确直观地反映出该文档所对应的内容。

3）有相关负责人的签字才能使该文件生效。

2. 绘制施工进度表

1）表格的"日期"栏可以是日、星期或月，要根据工程量的大小和工期而定。

2）表格的"内容"栏要写入工程施工的每一道工序。

3）用横线来表示施工的起止时间。

4）本表适用于工程实施项目全过程。

5）表格要由现场施工负责人接收并保存，如表 2.4.1 所示。

表 2.4.1　施工进度表

内容 \ 日期		日									
		1 日	2 日	3 日	4 日	5 日	6 日	7 日	8 日	9 日	10 日
1	设备定购及检验										
2	材料进场，环境检查										
3	墙面开槽										
4	敷设 PVC 管										
5	安装桥架										

内容	日期	日									
		1 日	2 日	3 日	4 日	5 日	6 日	7 日	8 日	9 日	10 日
6	敷设 PVC 线槽										
7	敷设线缆										
8	安装信息插座										
9	系统测试，环境恢复										
10	工程验收										

【任务实施】

【任务描述】

为了保证建设工程按照合同规定的期限按期交付使用，需要设计施工进度表。

【任务目标】

根据表 2.4.1，绘制施工进度表。

【工作过程】

1）创建文件。在 Word 文档中创建一个名为"网络公司办公楼三楼施工进度表.doc"的文件并保存。

2）填写名称为"网络公司施工进度表"。

3）绘制表格。

4）填写表头，行为"日期"，列为"内容"。

5）在"日期"栏中填写日期，单位为"日"。

6）在"内容"栏中填写本工程所需工序，如"设备定购及检验"、"材料进场，环境检查"、"墙面开槽"、"敷设 PVC 管"……"工程验收"等。

7）每道工序的起止时间用"————"表示。

8）完成后如表 2.4.2 所示。

表 2.4.2 网络公司施工进度表

内容	日期	日									
		1 日	2 日	3 日	4 日	5 日	6 日	7 日	8 日	9 日	10 日
1	设备定购及检验										
2	材料进场，环境检查										
3	墙面开槽										
4	敷设 PVC 管										

续表

内容 \ 日期		日								
		1 日	2 日	3 日	4 日	5 日	6 日	7 日	8 日	9 日	10 日
5	安装桥架										
6	敷设 PVC 线槽										
7	敷设线缆										
8	安装信息插座										
9	系统测试，环境恢复										
10	工程验收										

【任务测评】

简述施工进度表的制作过程，如表 2.4.1 所示，制作网络公司三楼施工进度表。

项目3 工作区子系统的施工

核心技术

◆ 底盒的安装
◆ 信息模块的端接
◆ 制作网络跳线

任务目标

◆ 底盒的安装
◆ 信息模块的端接
◆ 制作网络跳线

知识摘要

◆ 了解底盒的分类和特点
◆ 了解底盒和模块的安装标准
◆ 掌握底盒安装技术
◆ 掌握模块安装技术
◆ 掌握制作网络跳线的制作方法

【项目背景】

写字楼综合布线系统工程进入工作区子系统阶段，小李是施工方的技术员，小王对本次工作区子系统施工进行技术指导和验收。工作区子系统要安装信息插座，并提供部分网线。

【项目分析】

分析一：写字楼综合布线系统工程的工作区子系统要安装信息插座。信息插座包括底盒和面板，本写字楼综合布线系统工程暗盒借助暗埋底盒技术前期土建施工完成。

分析二：信息模块包括网络模块和语音模块。根据相应工作区子系统设计进行施工。

分析三：写字楼综合布线系统工程的工作区子系统提供网线为直通线。

【项目目标】

知识目标：

底盒的种类及特点、信息模块的安装标准。

技能目标：

掌握工作区子系统信息模块的安装方法。

▌【知识准备】

1．信息插座的安装标准要求

国家标准 GB 50311—2007《综合布线系统工程设计规范》的第 6 章中，对工作区的安装工艺提出了具体要求。安装在地面上的接线盒应防水和抗压，安装在墙面或柱子上的信息插座底盒、多用户信息插座盒及集合点配线箱体的底部离地面的高度宜为 30cm。工作区的电源每个工作区至少应配置 1 个 220V 交流电源插座，电源插座应选用带保护接地的单相电源插座，保护接地与零线应严格分开。信息插座和电源插座距离 30cm，如图 3.0.1 所示。

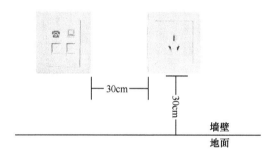

图 3.0.1　信息插座与电源插座的安装距离

2．信息模块端接原则

信息模块符合 TIA/ETA 568A 和 TIA/ETA 568B 线序。信息模块端接按照模块侧面的色标顺序在金属夹子上打线。一般按照 TIA/ETA 568B 线序色标打线，如图 3.0.2 所示。

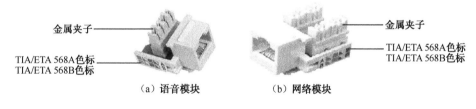

（a）语音模块　　　　（b）网络模块

图 3.0.2　线序

3．网络跳线标准

网络跳线有两种做法标准，标准分别为 TIA/EIA 568B 和 TIA/EIA 568A。制作网络跳线首先将水晶头有卡的一面向下，有铜片的一面朝上，有开口的一方朝向自己，从左至右排序为 12345678，如图 3.0.3 所示。

下面是 TIA/EIA 568B 和 TIA/EIA 568A 网线线序（优先选择 568B 网线接法）。

TIA/EIA　568B　线序：白橙，橙，白绿，蓝，白蓝，绿，白

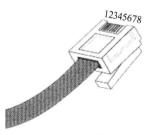

图 3.0.3　水晶头

棕，棕。

TIA/EIA 568A 线序：白绿，绿，白橙，蓝，白蓝，橙，白棕，棕。

4．网络跳线分类

（1）直通线

应用于计算机与交换机连接、交换机与交换机不同类型端口连接。直通线两头都按 TIA/EIA 568B 线序标准连接（图 3.0.4），无特殊说明的网络跳线指的都是直通线，如图 3.0.5 所示。

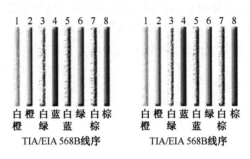

图 3.0.4　直通线线序

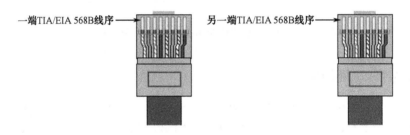

图 3.0.5　直通线

（2）交叉线

交叉线应用于计算机与计算机连接、交换机与交换机相同类型端口连接，如图 3.0.6 所示。交叉线一端按 TIA/EIA 568A 线序连接，另一端按 TIA/EIA 568B 线序连接，如图 3.0.7 所示。

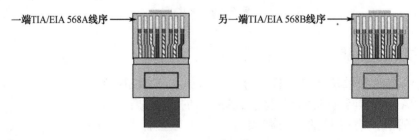

图 3.0.6　交叉线

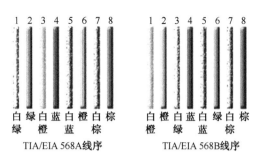

图 3.0.7 交叉线线序

（3）反接线

反接线应用于计算机与交换机或路由器的控制端口连接，如图 3.0.8 所示。反接线一端按 TIA/EIA 568B 线序从左到右连接，另一端按 TIA/EIA 568B 线序从右到左连接，如图 3.0.9 所示。

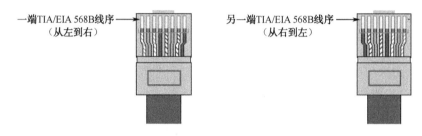

图 3.0.8 反接线

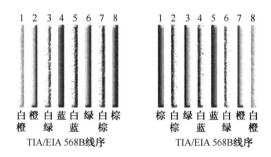

图 3.0.9 反接线线序

▌▌【项目实施】

任务 1 安装底盒

【任务描述】

某实训室地面为防静电地板，客户要求在防静电地板下施工，需要对每个工作区子系统进行底盒安装，底盒型号为金属暗盒。

【任务目标】

综合布线的工作区子系统安装底盒。

【主要材料】

底盒、膨胀螺钉、线管和底盒连接件。

【主要工具】

钳子、电动起子（或者螺钉旋具）、冲击钻。

【工作过程】

1. 底盒和连接件检查

核实底盒和连接件是否符合综合布线工程要求，外观有无破损，备件是否齐全，如图 3.1.1 所示。

2. 连接件和底盒组装

根据施工要求，在底盒相应位置预留孔处开孔，并把连接件和底盒进行组装固定，如图 3.1.2～图 3.1.4 所示。

图 3.1.1　底盒

图 3.1.2　组装过程（一）

图 3.1.3　组装过程（二）

图 3.1.4　组装过程（三）

3. 钻孔

根据施工要求，在底盒安装的相应位置用冲击钻钻孔，如图 3.1.5 所示。

4. 塞入膨胀螺栓

钻孔处塞入膨胀螺栓，用钳子等辅助敲打，使膨胀螺栓完全进入钻孔处，膨胀螺栓末端与地面基本持平，如图 3.1.6 和图 3.1.7 所示。

图 3.1.5　钻孔

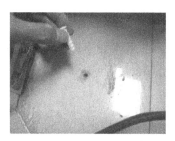

图 3.1.6　塞入膨胀螺栓

5．固定底盒

用电动起子或者螺钉旋具拧紧膨胀螺栓。固定螺钉要拧紧，不应产生松动现象，如图 3.1.8 所示。

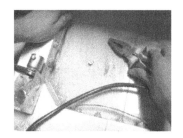

图 3.1.7　用钳子钉入

图 3.1.8　固定底盒

6．底盒和线管连接

用螺钉旋具将底盒连接件与线管进行连接，如图 3.1.9 所示。

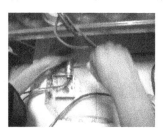

图 3.1.9　连接底盒与线管

7．底盒保护

底盒内塞上塑料袋或者纸团，保护底盒上螺钉孔清洁，不被二次污染。

任务 2　信息模块的端接

【任务描述】

某综合布线工程，写字间信息插座的底盒安装完毕后，需要对其安装信息模块。

【任务目标】

工作区子系统的双口信息插座的信息模块的端接，包括网络模块端接和语音模块端接。

【主要材料】

网络模块、语音模块、面板、底盒、标记材料、塑料薄膜。

【主要工具】

网线钳、剥线器、打线钳、螺钉旋具。

【工作过程】

1. 准备材料和工具

准备好需要使用的材料和工具。

2. 清理和标记

清理底盒内杂物，将双绞线从暗盒内抽出，清理干净重新编号标记，编号标记距离末端 60～80mm，如图 3.2.1 所示。

3. 剪线

预留 10～12cm，剪去多余的双绞线，如图 3.2.2 所示。

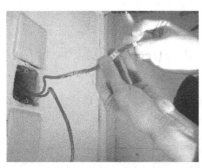 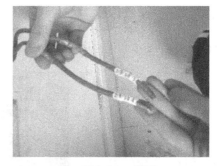

图 3.2.1 清理底盒并标记　　　　　　　　图 3.2.2 剪线

4. 剥线

剥线器在离双绞线末端 15mm 左右，慢慢旋转一圈，去掉一段双绞线绝缘护套，如图 3.2.3 所示。

5. 剪绳

剪去双绞线绝缘护套下多余的牵拉绳，如图 3.2.4 所示。

6. 分线

把剥开的双绞线线芯按线对分开，但先不要拆开各线对，只有将相应线预先压入打线柱时才拆开。按照信息模块上所指示的色标 TIA/EIA 568B 选择线序，将剥皮处与网络模块后端面平行，两手稍旋开绞线对，稍用力将导线压入相应的线槽内，如图 3.2.5 和图 3.2.6 所示。

图 3.2.3 剥线

图 3.2.4 剪绳

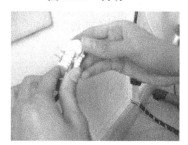

图 3.2.5 分线

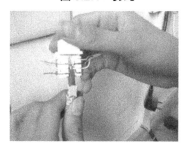

图 3.2.6 压入线槽

7. 打线

用 110 打线器将一根根线芯进一步压入线槽，并打断多余的线芯。110 打线器切割余线的刀口永远朝向模块的外侧，如图 3.2.7 和图 3.2.8 所示。

图 3.2.7 打线

图 3.2.8 完成效果

8. 安装防尘盖

将网络模块的塑料防尘盖扣在打线柱上，如图 3.2.9 和 3.2.10 所示。

图 3.2.9 安装防尘盖

图 3.2.10 完成效果

9. 卡装

打好线的网络模块（图 3.2.11）扣入双口信息面板左口处。同理，完成语音模块的端接，并将打好线的语音模块扣入双口信息面板右口处，如图 3.2.12 所示。

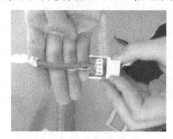
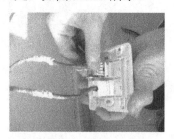

图 3.2.11　网络模块　　　　　图 3.2.12　安装语音模块

10. 理线

整理双绞线，保持最大的曲率半径，如图 3.2.13 和图 3.2.14 所示。

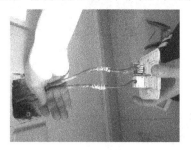

图 3.2.13　理线（一）　　　　　图 3.2.14　理线（二）

12. 固定面板

用螺钉固定面板到底盒上，如图 3.2.15 和图 3.2.16 所示。

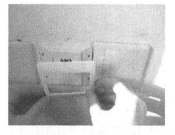

图 3.2.15　固定面板　　　　　图 3.2.16　安装装饰板

13. 面板标记

将信息点编号粘贴在面板上，如图 3.2.17 所示。

14. 成品保护

用塑料薄膜对面板进行保护，防止土建施工的二次污染，如图 3.2.18 所示。

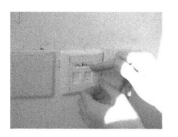 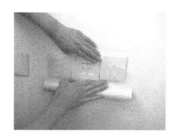

图 3.2.17 面板标记 　　　　图 3.2.18 贴塑料薄膜

任务 3 制作网络跳线

【任务描述】

在综合布线工程中，有些写字间需要提供网络跳线，网线跳线要求使用直通线。

【任务目标】

工作区子系统制作网络跳线。

【主要工具】

网线钳、剥线器、卷尺、网线测试仪，如图 3.3.1 所示。

图 3.3.1 工具

【主要材料】

双绞线、RJ45 水晶头。

【工作过程】

1．量尺

根据要求对双绞线量尺，做好适当预留，如图 3.3.2 所示。

2．剪线

用双绞线网线钳剪下合适长度的双绞线，两端剪齐，如图 3.3.3 所示。

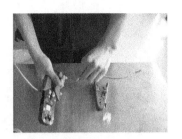

图 3.3.2　量尺　　　　　　　　　　图 3.3.3　剪线

3．剥线

在双绞线合适位置 15mm 处放入剥线器，剥线器慢慢旋转一圈，去掉一段双绞线绝缘护套，如图 3.3.4 所示。

4．剪绳

用剥线器剪断双绞线多余的牵拉绳，如图 3.3.5 所示。

图 3.3.4　剥线　　　　　　　　　　图 3.3.5　剪绳

5．排线

将双绞线 4 对 8 条芯线分开，并按 TIA/EIA 568B 标准序列排序，如图 3.3.6 所示。

6．理线

按 TIA/EIA 568B 标准排序 8 条双绞线并拉直，要相互分开、并列排列，不能重叠。用网线钳垂直于芯线排列方向剪齐，大约预留 14mm，如图 3.3.7 所示。

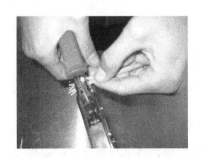

图 3.3.6　排线　　　　　　　　　　图 3.3.7　理线

7．插线

右手水平握住水晶头（塑料扣的一面朝下，开口朝左，如图 3.3.8 所示），然后把剪齐、并列排序的 8 条芯线对准水晶头开口并排插入水晶头底部，不能弯曲，如图 3.3.9 所示（水晶头有卡位的一面可以清楚地看到每条芯线所插入的位置）。

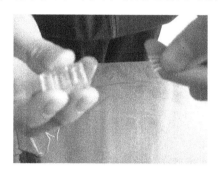
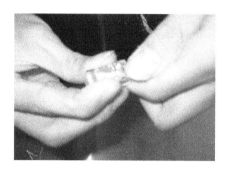

图 3.3.8　水晶头拿握方向　　　　　　　　图 3.3.9　插线

8．压线

将插入网线的水晶头直接放入网线钳压线缺口。使劲压下网线钳手柄，使水晶头的插针插入到网线芯线之中，如图 3.3.10 所示。

9．制作另一端水晶头

同理，完成双绞线另一端的水晶头的制作。

10．测线

双绞线两端水晶头制作完成后，用双绞线测试仪测试网线通断、线序情况，如图 3.3.11 所示。

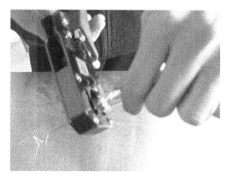

图 3.3.10　压线　　　　　　　　　　　　图 3.3.11　测线

【任务测评】

一、讨论题

1．制作网络跳线不成功有哪些情况？主要原因是什么？

2．工作区子系统是否等同于办公室？

二、技能竞赛

1．信息插座端接。
2．网络跳线制作。

项目4 水平子系统的施工

▌ 核心技术

- ◆ 水平子系统的线管设计与施工
- ◆ 水平子系统的线槽设计与施工
- ◆ 水平子系统的线缆敷设

▌ 任务目标

- ◆ 线管设计与施工
- ◆ 线槽设计与施工
- ◆ 线缆敷设
- ◆ 水平子系统综合设计与施工

▌ 知识摘要

- ◆ 了解水平子系统的设计与施工要求
- ◆ 了解线管、线槽及线缆敷设的施工标准
- ◆ 能按要求制作与记录相关文档

▌【项目背景】

在某单位综合布线工程施工中，设计方根据其楼层的结构特点，选择水平布线方案：从管理间子系统的配电间接到每个工作区，如果你是综合布线公司的技术员，你如何做？

▌【项目分析】

分析一：水平子系统往往需要敷设大量的线缆，因此如何配合建筑物进行布线，以及布线后如何更为方便地进行线缆的维护都是水平子系统在设计与施工过程中应考虑的问题。

分析二：水平子系统线缆常沿着楼层平面的地板或房间吊顶、房间墙面布线。线管、线槽对线缆起到了很好的支撑和保护作用。线管和线槽的设计与施工，影响着建筑物的美观与实用，也影响着线缆的通信质量。

分析三：在综合布线工程施工中，PVC 线管和线槽、线缆敷设是综合布线技术人员应掌握的技能，必须遵守相关规范施工标准。

▌▌【项目目标】

知识目标:

水平子系统的主要施工要求

技能目标:

熟悉水平子系统设计、施工设备和耗材;掌握水平子系统安装施工技术和经验

▌▌【知识准备】

1. 水平子系统的主要施工要求

1)根据建筑物的结构、用途,确定水平子系统设计方案。严格控制每段线路的长度,不能突破线缆的极限长度。常用的双绞线长度不应超过 90m。

2)管槽的施工,要注意和供电、供水、供暖、排水的管线分离,用以保护线缆的安全。

3)敷设的位置要安全、隐蔽,要便于使用与日后的维修。有吊顶的建筑物,水平走线尽可能走吊顶。一般建筑物可以走地板暗管敷设。

4)线缆应敷设在线槽内,线缆敷设数量应考虑只占用线槽面积的 70%,以方便以后的线路扩充的需求。

5)在水平布线系统中,缆线必须安装在线槽或者线管内。

6)在建筑物墙或者地面内暗埋布线时,一般选择线管,不允许使用线槽。

7)在建筑物墙面明装布线时,一般选择线槽。在楼道或者吊顶上长距离集中布线时,一般选择桥架。

8)施工人员需遵守施工规章制度,进入现场后首先对地形和周围环境进行观察,尽量避免在存在危险的地方与人交叉施工。

水平子系统线缆长度如图 4.0.1 所示。

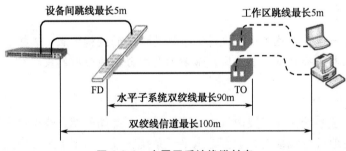

图 4.0.1 水平子系统线缆长度

2. 线管、线槽、线缆的敷设应遵守的施工标准

《防雷及接地安装工艺标准》。

《线槽配线安装工艺标准》。

《钢管敷设工艺标准》。

《民用闭路监视电视系统工程技术规范》。

《建筑电气安装分项工程施工工艺标准》。

《高层民用建筑设计防火规范》。

《30MHz—1GHz 声音和电视信号的电缆分配系统》。

《30MHz—1GHz 声音和电视信号的电缆分配系统》。

《有线电视系统工程技术规范》。

《有线电视广播系统技术规范》。

《民用建筑电缆电视系统工程技术规范》。

《建筑与建筑群综合布线系统工程设计规范》。

《建筑与建筑群综合布线系统工程施工及验收规范》。

3．水平子系统工作流程

观看施工图→小组分工→绘制小组施工定位图→弹线定位（或用笔画出施工线路）→依路由制作合适的线管、线槽→线管、线槽的路由敷设→管路保护→线缆敷设→文档资料编制→施工验收与现场清理。

4．水平布线子系统的线路设计

（1）暗敷布线方式

建筑物设计时就充分考虑到综合布线布线系统，基本不能直接看到管槽与线缆，最大程度地满足建筑整体美观，主要有天花板吊顶布线、地面垫层布线、高架地板布线、墙地暗管布线等。

（2）明敷布线方式

这种方式适用于既没有天花板吊顶又没有预埋管槽的建筑物的综合布线系统，主要有走廊槽式桥架布线、墙面线槽布线、护壁板管道布线、地面导管布线等。

5．水平布线子系统预算

1）线缆截面积计算：$S=d^2\times3.14/4$。

式中　S——双绞线截面积；d——线缆直径。

例如，超 5 类非屏蔽双绞线直径约为 6mm，则双绞线截面积 $S=d^2\times3.14/4=6^2\times3.14/4=28.26\text{mm}^2$。

2）线管截面积计算：$S=d^2\times3.14/4$。

式中　S——线管截面积；d——线管的内直径。

注意：线管规格一般用线管外径表示，线管内直径为线管外径减去两个管壁厚度。

例如，20mmPVC 线管，管壁厚 1mm，管内部直径为 18mm，则线管截面积 $S=d^2\times3.14/4=18^2\times3.14/4=254.34\text{mm}^2$。

3）线槽截面积计算：$S=L\times W$。

式中：S——线槽截面积；L——线槽内部长度；W——线槽内部宽度。

注意：线槽规格一般用线槽外长宽表示，线槽内长宽为线槽外长宽各减去两个槽壁厚度。

例如，40×20 线槽外长宽为 40mm、20mm。线槽壁厚 1mm，线槽内部长 38mm，宽 18mm，则线槽截面积 $S=L\times W=38\times18=684\ \text{mm}^2$。

4）管槽最小截面积计算：$S=(N\times\text{线缆截面积})/[70\%\times(40\%\sim50\%)]$

式中　S——线槽截面积；N——用户所要安装的线缆数（已知数）；70%——布线标准规定

允许的空间；40%～50%——线缆之间浪费的空间。

例如，用户要安装 10 条超 5 类非屏蔽双绞线，线缆截面积约为 28.26mm^2。线缆浪费空间取 50%（管槽转弯），则 S=(28×10)/70%×50%=800mm^2。

5）楼层线缆总量计算：C=[0.55(L+S)+6]×n。

式中：C——每个楼层的用线量；L——服务区域内信息插座至配线间的最远距离；S——服务区域内信息插座至配线间的最近距离；n——每层楼的信息插座的数量。

例如，某实训室一楼布线量如下：L 最远网线 35m；S 最近网线 10m；n 信息插座为50，则 C=[0.55(35+10)+6]×50=1538m。

6）整栋楼用线量计算：W=M×C。

式中：W——整栋楼用线量；C——每个楼层的用线量；M——楼层数。

例如，前提条件，楼房每层结构大体相同，信息点数相同。某实训室一楼布线量1538m，共 5 层，则 W=M×C=1538×5=7690m。

7）线缆箱数计算：N=W/L。

式中：N——线缆箱数（向上舍入取整数位）；W——整栋楼用线量；L——每箱线缆长度。

例如，整栋楼用线量 7690m，双绞线每箱线缆长度为 305m，N=W/L=7690/305=26 箱。

【项目实施】

任务 1　线管的施工

【任务描述】

根据项目背景，以某实训室为例，在模拟实训墙上进行度量并定位安装位置，做好记录。确定房间布线路由及拐角、三通、管卡连接件的位置并进行线管敷设。

【任务目标】

1）能依据简单的线路图样，度量与定位安装位置。

2）能依据布线路由，制作合适长度与弯角的线管。

3）能正确安装 PVC 管。

【施工工具】

检查实训所需工具、材料，填写表 4.1.1。

表 4.1.1　工具表

设 备 名 称	数 量	单 位	检查结果		备 注
			数 量	性 能	
卷尺					
油性笔					
PVC 管剪刀					
弯管器					

续表

设备名称	数量	单位	检查结果		备注
			数量	性能	
电钻					
钢锯					
十字螺钉旋具					
记录本					

【施工耗材】

PVC 管、PVC 三通、弯头、螺钉若干，填写材料表，如表 4.1.2 所示。

表 4.1.2　材料表

设备名称	数量	单位	检查结果		备注
			数量	性能	
PVC 管					
PVC 三通					
直通					
弯头					
管卡					
螺钉					

【工作过程】

1. 观看图样与规划布线路径

1）了解 302 实训室的布线路由，信息点的数量和位置，拐角、三通、管卡等连接件的位置等。

2）根据图样要求，度量出从 301 房间到 302 房间入口的距离，并记录数据。

3）在模拟实训墙上确定 302 房间的线管路由。用卷尺丈量出线管路由中各段的距离，用油性笔在线管路由的直转角、平三通、管卡安装点位置做出标记。

2. 线管施工

1）安装管卡。依据设计图样，路由线路，用螺钉旋具安装管卡，螺钉必须沉入管卡。

2）测量实际综合布线工程所需线管长度，在线管相应位置做好标记，如图 4.1.1 和图 4.1.2 所示。

3）将与线管规格相配套的弯管器插入管内，并插入到需要弯曲的中间位置，如果线管长度大于弯管器时，可用铁丝拴牢弯管器的一端，方便弯管器使用，如图 4.1.3 和图 4.1.4 所示。

4）用两手抓住线管弯曲位置，用力弯线管或使用膝盖顶住被弯曲部位，逐渐煨出所需要的弯度，如图 4.1.5 所示。注意，不能用力过快过猛，以免 PVC 管损坏。例如，$\phi 20mm$ 的 PVC 管弯曲半径等于 10D。

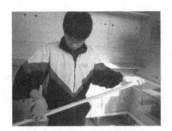

图 4.1.1 测量

图 4.1.2 标记

图 4.1.3 匹配弯管器

图 4.1.4 插入弯管器

5）带着弯管器的煨出弯度的线管和实际工程比照，如图 4.1.6 所示，看是否符合要求，不符合工程要求进一步修正。剪裁合适长度的线管，线管的切口要平整，如图 4.1.7 所示。

图 4.1.5 弯管

图 4.1.6 比对

6）取出弯管器，固定线管，如图 4.1.8 所示。

图 4.1.7 修整

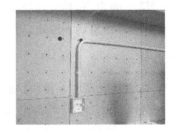

图 4.1.8 固定线管

7）使用弯管接头或三通连接好线管接头，线管接头处的管子一定要打好胶水、粘接牢固。把线管放置到管卡处，用力拍紧。

8）标识线管。在实际综合布线工程中，必须在设计施工图中标识出线管，以方便线缆敷设和后期管理。

9）施工验收与清理现场。

任务 2 线槽的施工

【任务描述】

根据综合系统施工平面图，在模拟实训墙上进行线槽的安装与敷设。

【任务目标】

1）能依据简单的线路图样，度量与定位安装位置。
2）能依据布线路由，计算线槽的数量与长度。
3）能正确安装 PVC 线槽。

【施工工具】

检查实训所需工具、材料，填写表 4.2.1。

表 4.2.1 工具表

设 备 名 称	数 量	单 位	检查结果		备 注
			数 量	性 能	
卷尺					
角尺					
油性笔					
线槽剪					
钢锯					
水平尺					
电动起子					
螺钉旋具					

【施工耗材】

PVC 线槽、弯头、螺钉，材料表，如表 4.2.2 所示。

表 4.2.2 材料表

设 备 名 称	数 量	单 位	检查结果		备 注
			数 量	性 能	
PVC 线槽					
阴角					
阳角					
直转角					
螺钉					

【工作过程】

1）依据任务要求，计算出线截面积，选择合适规格的线槽。

管槽最小截面积计算：$S=(N×线缆截面积)/[70\%×(40\%～50\%)]$。

式中：S——线槽截面积；N——用户所要安装的线缆数（已知数）；70%——布线标准规定允许的空间；40%～50%——线缆之间浪费的空间。

图 4.2.1 计算

例如，用户要安装 10 条超 5 类非屏蔽双绞线，线缆截面积约为 28.26mm²。线缆浪费空间取 50%（管槽转弯），$S=(28×10)/70\%×50\%=800mm^2$，如图 4.2.1 所示。

2）定位。根据设计图确定安装位置，从始端到终端（先干线后支线）找好水平或垂直线，计算好线路走向和线缆，根据确定的施工图，标明在什么地方打孔和打多大的孔，确定水平线缆和垂直线缆的走向、根数以及线槽的尺寸，如图 4.2.2 所示。

3）先固定底盒，如图 4.2.3 所示。

图 4.2.2 定位

图 4.2.3 固定底盒

4）截剪合适长度的线槽：按卷尺测量好 PVC 线槽长度，用钢锯锯出合适长度的线槽，下料后长短偏差应在 5mm 内，线槽的切口要平整，无卷边、毛刺，如图 4.2.4 所示。

5）线槽的转弯制作：可以使用与之相配的水平弯头、阴角、阳角等配件。在 90°转角处，制作方法如下，在需连接的线槽口处，用不锈钢角尺量出 45°角，划出斜线，用钢锯锯出斜边，如图 4.2.5 所示。

图 4.2.4 截剪线槽

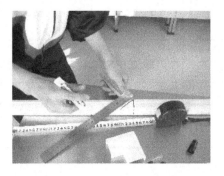

图 4.2.5 制作线槽转弯

6）自行制作线槽的直角弯头（图 4.2.6）、阴角（图 4.2.7）、阳角（图 4.2.8）。

图 4.2.6 直角弯头   图 4.2.7 阴角   图 4.2.8 阳角

7）安装线槽：用电动起子在线槽中间位置钻出安装孔，用于固定线槽，一般每个钻孔间距为 1m。如果是安装短于 1m 的线槽，则在线槽的 1/3、2/3 处钻孔。在进出接线箱、盒、柜、转弯、转角及丁字接头的三端 500m 以内应设固定支持点，塑料螺栓的规格一般不应小于 8mm，自攻钉 4mm×30mm。固定线槽的要求如下：线槽平整，无扭曲变形，内壁无毛刺，各种附件齐全；线槽接口应平整，接缝处紧密平直，如图 4.2.9 所示。

8）使用水平尺检测线槽是否达到"横平竖直"的标准。如有偏差，则适当调整螺钉，使之达标。盖好线槽盖板，如图 4.2.10 所示。

图 4.2.9 安装线槽   图 4.2.10 线槽检测

9）槽盖装上后应平整、无翘脚，出线口的位置准确；线槽的所有拐角均应相互连接和跨接，使之成为一体。用塑料袋塞入底盒，做好防护，如图 4.2.11 所示。

图 4.2.11 安全防护

10）验收工程：检查是否达到任务要求，填写表格，清理现场。

任务 3　线缆的敷设

【任务描述】

在完成项目任务 1、任务 2 所安装的线管、线槽中，敷设双绞线线缆。穿线质量的好坏直接关系到布线线缆能否通过性能测试，是否达到设计的要求。

【任务目标】

线缆的敷设。

【施工工具】

检查任务所需工具，如表 4.3.1 所示。

表 4.3.1　工具表

设备名称	数量	单位	检查结果		备注
			数量	性能	
穿线器					
压线钳					
油性笔					

【施工耗材】

检查任务所需材料，如表 4.3.2 所示。

表 4.3.2　材料表

设备名称	数量	单位	检查结果		备注
			数量	性能	
双绞线					
电胶布					
贴纸					

【工作过程】

1）计算线缆长度：在综合布线系统施工中，线缆的计算与测量应该按"知识准备"中的公式计算。在本任务中，我们可以按平面图的管槽布线，量好配线间到模块面板所需的线缆长度，并在配线间内预留 70cm，在模块端预留 10cm。

2）将备好的线缆两端编号。信息插座编写规则：进门按顺时针依次排列。FD23-1-8-1Z-203：FD 是楼层配线架，第一个线缆为 203 房间进门顺时针的 1 号信息插座左口。

3）将穿线器从管槽的一端穿入，从另一端拉出。将线缆用电胶布缠在穿线器的一端，轻轻拉动穿线器，把线缆从管槽的一端拉出到另一端

4）拆除穿线器，对线缆贴标签，如图 4.3.1 所示。

5）检查与验收施工情况，填写相关表格。

6）做好工程防护，清理现场，如图 4.3.2 所示。

图 4.3.1　贴标签　　　　　　　　图 4.3.2　安全防护

【知识链接】

1．线缆牵引技术

用一条拉线将线缆牵引穿入管道或槽道称为线缆牵引。在施工中，应使拉线和线缆的连接点尽量平滑，所以要用电胶布在连接点缠绕起来，以保证平滑和牢固。

根据施工过程中敷设的电缆类型，可以使用 3 种牵引技术，即牵引 4 对双绞线、牵引单根 25 对比绞线、牵引多根 25 对或更多对线电缆。

（1）牵引 4 对比绞线电缆

方法一：牵引 4 对双绞线电缆的主要方法是使用电胶布将多根双绞线电缆与穿线器绑紧，拉动穿线器，缓慢地牵引电缆。

方法二：剥除双绞线电缆的外表皮，并整理为两扎裸露金属导线，将金属导线编织成一个环，穿线器（或拉绳）绑扎在金属环上，然后牵引拉绳。

（2）牵引单根 25 对双绞线电缆

将电缆末端编制成一个闭合的环，用电胶布加固，以形成一个坚固的环。在缆环绑扎好拉绳后，缓慢地牵引电缆。

（3）牵引多根 25 对或更多对电缆

将线缆外表皮剥除后，将线对均匀分为两组线缆，将两面三刀线缆交叉穿过拉线环，然后缠纽在自身电缆上，加固与拉线环的连接。用电胶布紧密缠绕线缆缠纽部分，以加固连接，最后缓慢地牵引电缆。

2．水平线缆布设技术

1）为了考虑以后线缆的变更，在管槽内敷设的电缆容量不应超过管槽截面积的 70%。

2）线缆两面三刀端应贴上相应的标签，以识别线缆的来源地。

3）线缆敷设应平直，不得产生扭绞、打圈现象，不应受到外力挤压和损伤。

4）线缆牵引力规定如下：

一根 4 对双绞线电缆的拉力为 100N。

二根 4 对双绞线的拉力为 150N。

三根 4 对双绞线的拉力为 200N。

多根双绞线对电缆，最大拉力不能超过 400N。

▌▌【任务测评】

实践操作题

某办公楼共 7 层，其中 2～4 层分别有 4 间办公室，要求每个办公室安装一个计算机网络信息点和一个电话语音信息点。其水平子系统设计如下：每个办公室将从信息插座处布设 1 根超 5 类屏蔽双绞线电缆到楼层配线间内。在每个办公室的语音电话插座处敷设一根超 5 类屏蔽双绞线电缆到楼层配线间内。选用超 5 类电缆是为以后的语音和数据互换做准备。

本楼各房间内均安装天花板吊顶，因此水平子系统中的各系统所使用线缆可以统一穿在一个 PVC 管道内，并敷设在天花板吊顶内。各房间内的线缆经过走廊、天花板、吊顶统一敷设到楼层配线间。PVC 管道内敷设的电缆截面积只占 PVC 管截面积的 70%，为以后的线路扩展预留一定的空间。房间内 PVC 管预埋于墙内，与墙上暗装的底盒相连接。

这是一项真实的工作项目，请同学们在模拟实训室内完成办公楼第 2 层的水平布线施工。

项目5 管理间子系统施工

▌▌ 核心技术

- ◆ 管理间机柜及网络设备的安装
- ◆ 网络配线端接方法
- ◆ 链路编号和标记方法

▌▌ 任务目标

- ◆ 机柜的安装
- ◆ 网络设备的安装
- ◆ 网络配线架端接
- ◆ 语音配线架端接
- ◆ 复杂链路端接
- ◆ 编号和标记

▌▌ 知识摘要

- ◆ 了解机柜的安装方法
- ◆ 了解机柜中网络设备的安装方法
- ◆ 掌握网络链路及语音链路的端接方法
- ◆ 掌握复杂链路端接的方式
- ◆ 掌握链路进行编号和标记的方法

▌▌【项目背景】

某学校教学楼有3层楼房，每层楼房大约有80个房间。教学楼的垂直子系统已经施工完毕，垂直子系统位于教学楼的中部弱电井内。现需要设置垂直子系统与水平子系统之间的连接部分，即进行管理间的施工。请根据网络的实际环境，合理地选择管理间的机柜、网络设备、配线架、链路端接，并对网线进行编号和标记。

▌▌【项目分析】

管理间子系统也称为电信间或者配线间，是安装楼层机柜、配线架、交换机、配线设备的区域。一般设置在楼层的弱电井内，当楼层信息点比较多时，也可以在一个楼层设置多个管理间。

管理间主要进行的工作是链路的端接，链路端接的质量将直接影响到网络的连通率和网络的稳定性。

为便于后期维护，一般对于链路要进行编号和标记，只有系统的、有代表性的编号系统才能更方便后期的维护。所选择的标记方式需要保证不易损毁、脱落和褪色。

【项目目标】

知识目标：

管理间的功能

技能目标：

线缆的端接、机柜的安装

【项目实施】

任务 1　机柜的安装

【任务描述】

某教学楼 2 楼共有 50 个工作区，其中 10 个工作区需要与管理间相连接。要求在管理间内安装一个机柜，以便于网络设备的安装及网络配线架、理线环的安装。

【任务目标】

网络机柜的安装。

【实训设备】

立式 42U 机柜、壁挂机柜。

【施工工具】

内 6 螺钉旋具、十字螺钉旋具。

【知识准备】

一般情况下，综合布线系统的配线设备和计算机网络设备采用 19 英寸标准机柜安装。尺寸一般为 600mm×900mm×2000mm（宽×深×高），如果以设备为度量标准，则其高度表示为 42U。对于配线间，多数情况下也可以采用 6～12U 壁挂式机柜，一般安装在每个楼层的竖井内或者楼道中间的位置。具体安装可采用三角支架或者膨胀螺栓固定机柜。

1．标准机柜

标准机柜广泛应用于计算机网络设备、有/无线通信器材、电子设备的叠放，机柜具有增强电磁屏蔽、削弱设备工作噪声、减少设备占地面积的优点。对于一些高档机柜，还具备空气过滤功能，提高精密设备工作环境质量的功能。很多工程级的设备的面板宽度都采用 19 英寸，所以 19 英寸的机柜是最常见的一种标准机柜。19 英寸标准机柜的种类和样式非常多，也有进口和国产之分，价格和性能差距也非常明显。同样尺寸、不同档次的机柜价格可能相差数倍。用户选购标准机柜要根据安装堆放器材的具体情况和预算综合考虑。标准机柜如图 5.1.1 所示。

标准机柜的结构比较简单，主要包括基本框架、内部支撑系统、布线系统、通风系统。标准机柜根据组装形式和材料选用的不同，可以分成很多性能和价格档次。19 英寸标准机柜外形有宽度、高度、深度 3 个常规指标。虽然 19 英寸面板设备安装宽度为 465.1mm，但机柜的物理宽度常见的产品为 600mm 和 800mm。高度一般为 0.7～2.4m，根据柜内设备的多少和统一格调而定，通常厂商可以定制特殊的高度，常见的成品 19 英寸机柜高度为 1.6m 和 2m。机柜的深度一般为 400～800mm，根据柜内设备的尺寸而定，通常厂商也可以定制特殊深度的产品，常见的成品 19 英寸机柜深度为 500mm、600mm、800mm。19 英寸标准机柜内设备安装所占高度用一个特殊单位"U"表示，

图 5.1.1　标准机柜

1U=44.45mm。使用 19 英寸标准机柜的设备面板一般都按 n×U 的规格制造。对于一些非标准设备，大多可以通过附加适配档板装入 19 英寸机箱并固定。

机柜的材料与机柜的性能有密切的关系，制造 19 英寸标准机柜材料主要有铝型材料和冷轧钢板。由铝型材料制造的机柜比较轻便，适合堆放轻型器材，且价格相对便宜。铝型材料也有进口和国产之分，由于质地不同，所以制造出来的机柜物理性能也有一定差别，尤其在一些较大规格的机柜上更容易现出差别。冷轧钢板制造的机柜具有机械强度高、承重量大的特点。同类产品中钢板用料的厚薄和质量以及工艺都直接关系到产品的质量和性能，有些廉价的机柜使用普通薄铁板制造，虽然价格便宜，外观也不错，但性能大打折扣。通常优质的机柜分量比较重。

19 英寸标准机柜从组装方式来看，大致有一体化焊接型和组装型。一体化焊接型价格相对便宜，焊接工艺和产品材料是这类机柜的关键，一些劣质产品遇到较重的负荷时容易产生变形。组装型是目前比较流行的形式，包装中都是散件，需要时可以迅速组装起来，调整方便、灵活性强，一些劣质产品往往接口部位很粗糙，拼装时比较困难。

网络机柜规格表如表 5.1.1 所示。

表 5.1.1　网络机柜规格表

名　称	型　号	规格/mm（宽×深×高）	名　称	型　号	规格/mm（宽×深×高）
壁挂机柜	6U	530×400×300	普通网络机柜	18U	600×600×1000
	12U	530×400×600		22U	600×600×1200
服务器机柜	36U	600×800×1600		27U	600×600×1400
	40U	600×800×2000		45U	600×600×2200

2. 壁挂机柜

除标准机柜外，还有一种体积更小，使用更灵活的机柜，即壁挂机柜。它主要用于摆放轻巧的网络设备。这种机柜外观轻巧美观，全柜采用全焊接式设计；牢固可靠，机柜背面有 4 个挂墙的孔，可将机柜挂在墙上以节省空间；一般应用在同楼层中需要多个管理间的情境下。它可以安装在走廊、过道中，或者安装在某些房间的墙壁上；适用于连接工作区不太多的情况。这种机柜广泛应用在银行、金融、证券、地铁、机场、居民小区等网络环境。壁挂机柜如图 5.1.2 所示。

图 5.1.2 壁挂机柜

3. 机架

与机柜相比,机架具有价格相对便宜、搬动方便的优点。但是,机架一般为敞开式结构,不像机柜采用全封闭或半封闭结构,所以不具备增强电磁屏蔽、削弱设备工作噪声等特性。同时,在空气洁净程度较差的环境中,设备表面更容易积灰。机架主要适合一些要求不高的设备叠放,以减少占地面积。由于机架价格比较便宜,所以对于要求不高的场合,采用机架可以节省不少费用。机架如图 5.1.3 所示。

图 5.1.3 机架

【工作过程】

1. 立式机柜安装

1)规划安装机柜的空间。在安装机柜前需要规划机柜附近的可用空间,为了便于散热和维护设备,建议机柜周围与墙面及其他设备保留至少 0.8m 的距离,机房的净高建议大于 2.5m。

2)取出机柜配件及工具,确定安装位置无误。

3)将机柜安装到规划好的位置,为机柜安装地脚及滚轮。

4)调整机柜,在机柜顶部平面两个垂直方向分别放置水平尺,检查机柜的水平度。用扳手旋动地脚上的螺杆调整机柜的高度,使两面都保持水平状态,锁紧机柜地脚上的锁紧螺母。

5)安装机柜门。

① 将门的底部轴销对准下围框的轴销孔。

② 用手拉下门顶部的轴销，将上部轴销对准机柜门上部的轴销孔，松开手，在弹簧的作用下，轴销向上复位，进入到上面的轴销孔中。

6）安装机柜接地线。机柜的接地线分为前门接地，侧门接地及机柜下围框接地。

① 打开机柜门或者下围底框的接地螺母。

② 将接地线的自由端套在接地螺柱上。

③ 装上螺母，拧紧，完成接地线的安装。安装示意图如图 5.1.4 所示。

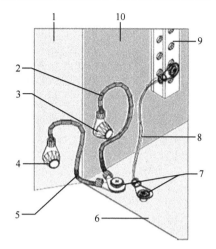

图 5.1.4　机柜接地安装示意图

注意：由于机柜类型不同，接地的结构有可能不尽相同

7）安装检查。检查机柜的各方向是否正确、牢固，机柜是否水平。

8）为机柜制作标识。

2．壁挂机柜安装

1）规划机柜安装位置，准备安装材料和工具，一般壁挂机柜安装在墙面上，高度在1.8m 以上。在实际工作过程中，也可以根据实际情况对安装位置进行适当的调整。安装示意图如图 5.1.5 所示。

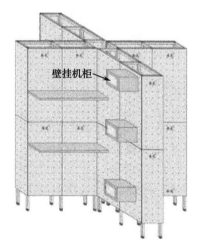

图 5.1.5　壁挂机柜安装示意图

2）用机柜锁匙打开机柜门，并取下壁挂机柜的机柜门，便于机柜的安装。

3）按照设计位置，使用螺钉固定壁挂式网络机柜。

在实训室中可以直接固定在模拟墙上固定位置的螺孔中。在实际工程中需要测量机柜背板上的螺孔距离。在墙壁上按测量距离打孔，再使用合适的螺钉固定。

4）安装机柜门。

5）为机柜制作标识。

任务2 网络设备安装

【任务描述】

在管理间中需要在机架上安装交换机等网络设备，要求安装设备的施工人员，按照正常的操作规程来完成对于网络设备的安装。

【任务目标】

网络设备的正确安装。

【施工工具】

内6角螺钉旋具。

【知识准备】

在网络中应用的设备主要有交换机、路由器、防火墙等，在管理间中使用的主要设备为交换机。下面以交换机为例说明网络设备的安装过程。

在网络设备安装之前，首先需要检查设备的外包装是否完整，如果不完整，则需要做好记录并与设备管理人员进行沟通协调；保留相关证据，便于在设备有损伤的情况下分清责任。

打开包装后需要收集和保存配套的资料和相关的配件。资料一般包括产品说明书、保修单等，有的设备有可能还会有配套光盘。配件一般包括2个支架、4个橡皮脚垫、4个螺钉、1根电源线、1个管理电缆、1个内6角螺钉旋具。一些特殊的网络设备有可能配备了加密锁等。以上配件一般根据实际情况可能会不完全具备。

【工作过程】

网络设备的安装步骤如下。

1）从包装箱内取出网络设备。

2）为网络设备安装L形支架，安装时要注意支架的方向。

3）将网络设备放到机柜或者机架中提前设计好的位置，用螺钉固定到机柜的立柱上。

一般网络设备上面需要至少留1U的空间，以便于空气流通和设备散热。在安装时注意立柱两端的水平位置要相同，否则会导致网络设备运行时不稳定，严重的有可能导致设备变形，网络设备内部接触不良。

4）将网络设备外壳接地，把电源线拿出来，插在网络设备的后面的电源接口上。将电源的另一端接到机柜中的电源插座上，如图5.2.1所示。

5）打开网络设备相连接的电源插座，开启设备上的电源开关。

注意：一般交换机没有电源开关，路由器或者防火墙等设备会有电源开关。

图 5.2.1　外壳接地线

在紧固螺钉的时候，注意不能太紧也不能太松，太紧容易导致设备变形，导致内部某些部件接触不良；太松容易在运行时发生抖动，加速机柜设备的老化及造成接触不良。

任务 3　网络配线架端接

【任务描述】

某管理间中汇聚了 20 条其他房间的线缆，现需要对这些线缆进行端接，以保证这 20 个工作区与主干线路的连通。请网络施工人员完成对这些线缆的配线端接。

【任务目标】

双绞线的配线架端接。

【施工工具】

单口打线钳、压线钳、剥线器、剪刀。

【施工耗材】

双绞线。

【知识准备】

配线架是管理子系统中最重要的组件，是实现垂直和水平两个子系统交叉连接的枢纽。配线架通常安装在机柜或者墙上。通过安装附件，配线架可以全线满足 UTP、STP、同轴电缆、光纤、音视频的需要。在网络工程中常用的配线架有双绞线配线架和光纤配线架。双绞线配线架的作用是在管理子系统中将双绞线进行交叉连接。光纤配线架的作用是在管理子系统中将光缆连接起来，通常用于主配线间和各分配线间，如图 5.3.1 所示。

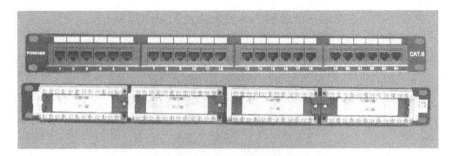

图 5.3.1   配线架

配线架主要是用在局端对前端信息点进行管理的模块化的设备。前端的信息点线缆（超 5 类或者 6 类线）进入设备间后首先进入配线架，将线打在配线架的模块上，然后用跳线（RJ45 接口）连接配线架与交换机。

总体来说，配线架是用来管理的设备，如没有配线架，前端的信息点直接接入到交换机上，如果线缆一旦出现问题，就面临要重新布线的问题。此外，管理上也比较混乱，多次插拔可能引起交换机端口的损坏。

配线架的存在就解决了这个问题，可以通过更换跳线来实现较好的管理。其用法和用量主要根据总体网络点的数量或者该楼层的网络点数量来配置。不同的建筑，不同的系统设计，主设备间的配线架都会不同。

例如，一栋建筑只有 4 层，主设备间设置在一层，所有楼层的网络点均进入该设备间，那么配线架的数量就等于该建筑所有的网络点/配线架端口数（24 口、48 口等），并加上一定的冗余量；如果一栋建筑有 9 层，主设备间设置在 4 层，那么为了避免线缆超长，就可能每层均设有分设备间，并有交换设备，所以主设备间的配线架就等于 4 层的网络点数量/配线架端口数（24 口、48 口等）。

安装配线架时应注意以下事项。

1）配线架一般安装在机柜中间偏下方。当缆线采用地面出线方式时，一般缆线从机柜底部穿入机柜内部，配线架宜安装在机柜下部。当采取桥架出线方式时，一般缆线从机柜顶部穿入机柜内部，配线架宜安装在机柜上部。当缆线采取从机柜侧面穿入机柜内部方式时，配线架宜安装在机柜中部。

2）配线架的安装方向为插水晶头面向外。

3）安装时要注意水平安装并固定配线架。

4）配线架应该安装在左右对应的孔中，水平误差不大于 2mm，更不允许左右穿错位安装。

【工作过程】

1）按计划或者图样为网络设备及配线架规划位置。需要统一考虑机柜内部的跳线架、配线架、理线环、交换机等设备，同时考虑路线方便。

2）按规划位置在机柜立柱上安装螺钉扣，如图 5.3.2 所示。

3）检查配线架和配件完整性。将配线架安装在机柜立柱上规划好的位置处，如图 5.3.3 所示。

4）理线。

图 5.3.2　螺钉扣的安装　　　　　　图 5.3.3　配线架的安装

5）端接打线。使用单口打线钳按照规定的线序将双绞线打到网络配线架后面的模块接口上。

6）做好标记，安装标签条。

任务 4　语音跳线架端接

【任务描述】

某管理间中汇聚有同层 30 个房间的电话线，现需要对这些线缆进行端接，以保证这 30 个工作区与主干线路的连通。请网络施工人员完成对于这些线缆的配线端接。

【任务目标】

语音跳线架端接。

【施工工具】

5 对 110 模块打线钳、单口打线钳。

【施工耗材】

双绞线、110 语音连接块。

【知识准备】

语音跳线架一般采用 110 跳线架（也称为 110 配线架），主要是上级程控交换机的接线与到桌面终端的语音信息连接线之间的连接和跳接，便于管理、维护、测试，如图 5.4.1 所示。其基本部件包括配线架、连接块、跳线和标签。110 型配线架是 110 型连接管理系统的核心部分，有 25 对、50 对、100 对、300 对等多种规格，如图 5.4.2 所示。

110 型配线架使用方便的插拔式跳接，可以简单地进行回路的重新排列，为非专业技术人员管理交叉连接系统提供了方便。

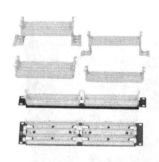

图 5.4.1　语音跳线架

图 5.4.2　连接模块

【工作过程】

语音跳线架端接实验效果如图 5.4.3 所示。

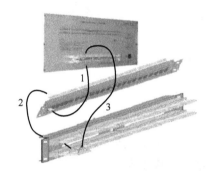

图 5.4.3　示意图

1）准备好 110 跳线架和配套的螺钉，如图 5.4.4 所示。

图 5.4.4　机架上的螺钉及螺母

2）把螺钉扣固定在网络机柜立柱的选定位置上，如图 5.4.5 所示。

图 5.4.5　安装螺母

3）利用十字螺钉旋具或者内 6 螺钉旋具把跳线架固定在网络机柜立柱的对应螺钉扣上，如图 5.4.6 所示。

图 5.4.6　安装螺钉

4）取第一根网线，一端进行 RJ45 水晶头端接，另一端与通信跳线架模块端接。按打线标准把每个线芯按顺序压在跳线架下层模块端接口中，如图 5.4.7 所示。

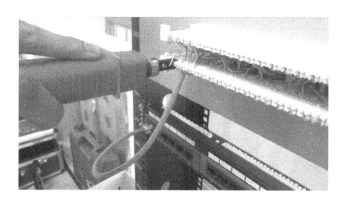

图 5.4.7　压接双绞线

5）取第二根网线，一端与网络配线架模块端接，另一端与通信跳线架模块下层端接，如图 5.4.8 所示。

图 5.4.8　压接第二根双绞线

6）取 5 对连接模块，用 5 对连接模块打线钳用力垂直压接在 110 跳线架上，完成下层端接。取第三根网线，把两端分别与两个通信跳线架模块的上层端接，如图 5.4.9 所示。

图 5.4.9　压接第三根双绞线

任务5　复杂链路端接

【任务描述】

某楼的管理间是整个楼房主干线路汇聚的区域，由于既有语音线路，又有数字线路，因而需要使用语音配线架进行统一管理。请施工人员根据实际情况对语音跳线架和网络配线架进行正确的端接。

【任务目标】

复杂永久链路的端接。

【施工工具】

单对 110 打线钳、5 对 110 打线钳、测线器、压线钳。

【施工耗材】

双绞线、网络配线架、RJ45 水晶头、5 对 110 模块。

【知识链路】

永久链路：又称固定链路，在国际标准化组织 ISO/IEC 所制定的增强 5 类、6 类标准及 TIA/EIA 568B 新的测试定义中，定义了永久链路测试方式，它将代替基本链路方式。

永久链路测试技术：链路主要是指集成商布线时完成的电信间配线架到房间插座的一部分。这也是永久装在房间墙壁中的部分。这个永久链路允许固定的线缆，中间允许用连接器相连。链路最长 90m。

由于布线承包商通常只负责永久链路的安装，所以，这部分链路又被称为承包商链路。集成商一般只负责链路的安装和质量，最终用户使用的完整链路称为通道。

【工作过程】

复杂链路端接最终安装示意图如图 5.5.1 所示。

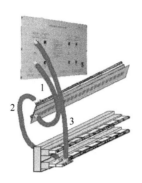

图 5.5.1　安装示意图

1）截取 3 根 30cm 左右的双绞线，制作成跳线，如图 5.5.2 所示。

图 5.5.2　第一根双绞线连接示意图

2）取第二根双绞线，使用网络单对打线钳，按规定的线序，一端压接到网络配线架背面的模块上，另一端压接到 110 配线架的对应模块上。

3）取一个 5 对 110 配线模块，利用 5 对打线钳，将模块压接到 110 配线架对应的位置上，如图 5.5.3 所示。压接好的示意图如图 5.5.4 所示。

图 5.5.3　第二根网线连接

图 5.5.4　5 对 110 配线模块压接后的示意图

4）取第三根双绞线，一端与 RJ45 水晶头端接，另一端利用单对打钱钳，按配线架上提示的顺序，压接到 5 对 110 配线架模块上，如图 5.5.5 所示。

图 5.5.5　第三根双绞线连接的示意图

5）使用测线器分别连接两个 RJ45 水晶头的自由端，测试连通性，如图 5.5.6 所示。

图 5.5.6　链路的测试

6）在特殊情况下，可以利用语音配线架测试实训设备。这种情况下，可以把两个水晶头的自由端用打线钳直接压接到实训设备提供的 110 配线架上。利用设备提供的测线仪直接测试连通性。

任务 6 编号和标记

【任务描述】

在管理间经常发生的情况是，当网络运维人员进入机房时，发现线缆和相关设备上贴的标签已经脱落，用户线路信息已无处查找。为避免这种情况的发生，需要对管理间的线缆进行科学地标识。

某管理间需要进行线缆的端接，请施工人员对线缆进行编号并进行恰当地标记。

【任务目标】

完成管理间配线架上所有线缆的编号和标记，并制作标记管理文档。

【施工工具】

计算机、打印机、剪刀。

【施工耗材】

标签纸、透明胶带、线缆标签、设备标签。

【知识链接】

按照国家标准标识分为四大类：设备标识、线缆标识、配套设施标识、空间环境标识。所有需要标识的设施都要有布线标签，每条电缆、光缆、配线设备、端接点、接地装置、敷设管线等组成部分均应给定唯一的标识符。标识符应采用相同数量的字母和数字等标明，按照一定的模式和规则来进行。建议按照"永久标识"的概念选择材料，标签的使用寿命应能与布线系统的设计使用寿命相对应。建议标签材料符合通过 UL969（或对应标准）认证以达到永久标识，同时建议标签达到环保 RoHS 指令要求。

标签标识系统包括 3 个方面：标识分类以及定义、标签和建立文档。完成标识和标签之后，需要对所有的管理设施建立文档。文档应采用计算机进行文档记录和保存，简单且规模较小的布线工程可按图样资料等纸质文档进行管理，并做到记录准确、及时更新、便于查阅，文档资料应实现汉化。

在数据中心的施工中，布线的系统化及管理是相当必要的。数千米的线缆在数据中心的机架和机柜间穿行，必须精确地记录和标注每段线缆、每个设备和每个机柜/机架。

在布线系统设计、实施、验收、管理等几个方面，定位和标识则是提高布线系统管理效率，避免系统混乱所必须考虑的因素，所以有必要将布线系统的标识当做管理的一个基础组成部分从布线设计阶段予以统筹考虑，并在施工、测试和完成文档环节按规划统一实施，让标识信息有效地向下一个环节传递。

1. 标识系统需要遵循的原则

综合布线标识系统的实施可以为用户今后的维护和管理带来最大的便利，提高其管理水平和工作效率，减少网络配置时间。标签应打印，不宜手工填写，所有标签应清晰可见、易读取。特别强调的是，标签应能够经受环境的考验，如潮湿、高温、紫外线，应该具有与所标识的设施相同或更长的使用寿命。对设备间、电信间、进线间和工作的配线设备、缆线、信息点等设施应按一定的模式进行标识和记录，要符合下列规定。

1）综合布线系统工程宜采用计算机进行文档记录与保存，简单且规模较小的综合布线系统工程可按图样资料等纸质文档进行管理，并做到记录准确、及时更新、便于查阅；文档资料应使用中文。

2）综合布线的每根电缆、光缆、配线设备、端接点、接地装置、敷设管线等组成部分均应给定唯一的标识，并设置标签。标识应由相同长度的字母和数字等组成。

3）缆线两端都应该标识，两端标识应该相同。

4）设备间、电信间、进线间的配线设备宜采用统一的色标区别各类业务与用途的配线区。

5）所有标签应保持清晰、完整，并满足应用环境要求。

2．标签的类型

一般来讲，综合布线系统需要标识的部位有：线缆（电信介质）、通道（走线管槽）、端接硬件（网络介质终端）、空间（设备间）和接地。各个部分的标识相互联系又相互补充，每种标识的方法及使用的材料应有所区别。

（1）线缆的标识要求

线缆标识是机房标识中重要部分之一，电缆标签要有一个耐用的底层，如乙烯基，它有很好的一致性，因此很适用于包裹，并且能够抗弯。推荐使用带白色打印区域和透明尾部的标签，这样当包裹电缆时可以用透明尾部覆盖打印的区域，起到保护作用。透明的尾部应该有足够的长度以包裹电缆一圈和一圈半。

电缆标识最常用的是覆盖保护膜标签，这种标签带有黏性并且在打印部分之外带有一层透明保护薄膜，可以使标签打印字体免受磨损。除此之外，单根线缆/跳线也可以使用非覆膜标签、旗式标签、热缩套管式标签。常用的材料类型包括乙烯基、聚酯和聚氟乙烯。

水平和垂直子系统电缆在每一端都要标识。为了更方便管理，对于重要线缆，最好每隔一段距离进行标识。另外，在维修口、接合处、牵引盒处的电缆也要进行标识。

对于成捆的线缆，建议使用标识牌来进行标识。这种标牌可以通过打印机进行打印，用尼龙扎带或毛毡带与线缆捆固定，可以水平或垂直放置，标识本身应具有良好的防撕性能，并且符合 ROHS 对应的标准。

（2）通道电缆的标识要求

各种管道、线槽应采用良好的、明确的中文标识系统，标识的信息包括建筑物名称、建筑物位置、区号、起始点和功能等。

（3）端接硬件的标识要求

配线面板标识主要以平面标识为主，要求材料能够经受环境的考验，且符合 ROHS 对应的环境要求，在各种溶剂中仍能保持良好的图像品质，并能粘贴至包括低表面能塑料的各种表面。

每一个端接位置的标签都要被标记一个标识符，标识符应标识于线缆、面板、接头等可见部分。在高密度的端接位置，标识符可以分配到每一个端接硬件单元和实际的端接位置。在工作区的末端标识也可以包括电缆另一端的端接位置标识符和电缆标识符。标识的设计使用寿命不应低于粘贴标识的元器件。

（4）设备管理标识

设备标签应能够全面涵盖所描述设备的各项具体信息，但又要尽量做到简洁、清晰、规范。为保护网络维护员工的身体健康和满足环境保护的要求，所有材质必须符合环保要求。

配线架使用的黏性标签可以选择很多种类型。当选择黏性标签时，注意根据应用来选择使用不易老化、不易褪色的材料。设备和其他元器件的标签在本质上差不多，但选择时要注意根据不同的表面选用不同的类型。

在实际工程中配线架的编号方法应当包括机架和机柜的编号，以及该配线架在机架和机柜中的位置，配线架在机架和机柜中的位置可以自上而下用英文字母表示。如果一个机架或机柜有不止 26 个配线架，则需要两个特征来识别。

（5）空间的标识要求

在各交换间管理点，应根据应用环境用明确的中文标识插入条来标明各个端接场。配线架布线标识方法应按照以下规定设计。

FD 出线：标明楼层信息点序列号和房间号。

FD 入线：标明来自 BD 的配线架号或集线器号、缆号和芯/对数。

BD 出线：标明去往 FD 的配线架号或集线器号、缆号。

BD 入线：标明来自 CD 的配线架号、缆号和芯/对数。

CD 出线：标明去往 BD 的配线架号、缆号和芯/对数。

CD 入线：标明由外线引入的缆线号和线序对数。

当使用光纤时，应明确标明每芯的衰减系数。

使用集线器时，应标明来自 BD 的配线架号、缆号和芯对数，同时标明去往 FD 的配线架号和缆号。

端子板的端子或配线架的端口都要编号，此编号一般由配线箱代码、端子板的块号以及块内端子的编号组成。

由于各大厂家的配线架规格不同，所留标签的宽度也会不同，所以选择标签时，宽度和高度都要多加注意。配线架和面板标识除了清晰、美观外，还要简洁易懂。

3. 标识文档管理

为了做到记录准确、及时更新、便于查阅，要对所有的标签建立管理文档。文档应采用计算机进行文档记录与保存，简单且规模较小的布线工程可按图样资料等纸质文档进行管理，对于有字符或者缩写表示的标签，在管理文档中应实现汉化或者对缩写进行解释。

纸质文件管理系统可以成功地管理较小的布线系统，较大布线系统所包含的信息量很大，若没有软件管理系统的协助，则管理很困难。可以使用通用电子表格程序，或为管理布线系统设计的特殊软件。

管理系统应提供查找与任一特定标识符有关记录的方法，在实施电子表格管理中，每一个必要的标识与记录相关的标识符组成一行，而每列包括记录信息的特殊项目，使用软件的系统应提供包含来自记录组信息的报告，每项报告应可以根据记录中标识符类型和所需信息列出记录的任何所需子集。

【工作过程】

1）准备好打印纸或打印标签，如图 5.6.1 所示。

图 5.6.1　打印标签

2）根据编码规则对机柜、机架、配线架、网络设备等进行编码，并做好电子文档的保存，如图 5.6.2 所示。

							机柜配线架端口标签编号对照表																
机架3#																							
1	2	3	4	5	6	7	8	9	10	11	12	13	14	15	16	17	18	19	20	21	22	23	24
05D49	05D50	05D51	05D52	05D53	05D54	05D55	05D56	05D57	05D58	05D59													
机架2#																							
1	2	3	4	5	6	7	8	9	10	11	12	13	14	15	16	17	18	19	20	21	22	23	24
05D25	05D26	05D27	05D28	05D29	05D30	05D31	05D32	05D33	05D34	05D35	05D36	05D37	05D38	05D39	05D40	05D41	05D42	05D43	05D44	05D45	05D46	05D47	05D48
机架1#																							
1	2	3	4	5	6	7	8	9	10	11	12	13	14	15	16	17	18	19	20	21	22	23	24
05D01	05D02	05D03	05D04	05D05	05D06	05D07	05D08	05D09	05D10	05D11	05D12	05D13	05D14	05D15	05D16	05D17	05D18	05D19	05D20	05D21	05D22	05D23	05D24
1	2	3	4	5	6	7	8	9	10	11	12	13	14	15	16	17	18	19	20	21	22	23	24
05Y49	05Y50	05Y51	05Y52	05Y53	05Y54	05Y55	05Y56	05Y57	05Y58	05Y59													
1	2	3	4	5	6	7	8	9	10	11	12	13	14	15	16	17	18	19	20	21	22	23	24
05Y25	05Y26	05Y27	05Y28	05Y29	05Y30	05Y31	05Y32	05Y33	05Y34	05Y35	05Y36	05Y37	05Y38	05Y39	05Y40	05Y41	05Y42	05Y43	05Y44	05Y45	05Y46	05Y47	05Y48
1	2	3	4	5	6	7	8	9	10	11	12	13	14	15	16	17	18	19	20	21	22	23	24
05Y01	05Y02	05Y03	05Y04	05Y05	05Y06	05Y07	05Y08	05Y09	05Y10	05Y11	05Y12	05Y13	05Y14	05Y15	05Y16	05Y17	05Y18	05Y19	05Y20	05Y21	05Y22	05Y23	05Y24

项目名称	制表人	XXX
华侨公司综合布线系统	制表时间	XX年XX月XX日
机柜配线架端口标签编号对照表	图表版本号	01-01-01

图 5.6.2　机架端口与编号的对照

3）打印各部分标签，打印后根据需要粘贴到正确的位置，如图 5.6.3 所示。

图 5.6.3　机架上的标签示意图

项目 6 垂直子系统施工

▌核心技术

◆ 安装垂直子系统线槽

◆ 敷设垂直子系统线缆

◆ 绑扎垂直子系统线缆

◆ 端接大对数双绞线

▌任务目标

◆ 规范地安装垂直子系统线槽

◆ 正确地敷设垂直子系统线缆

◆ 正确地绑扎垂直子系统线缆

◆ 正确地端接大对数双绞线

▌知识摘要

◆ 垂直子系统连接方式

◆ 垂直子系统路径的选择

◆ 安装垂直线槽的步骤

◆ 向下垂放线缆和向上牵引线缆

◆ 绑扎垂直子系统线缆

◆ 端接大对数双绞线

▌【项目背景】

某网络公司正在对工厂的一栋新建的办公大楼进行综合布线,该幢大楼共有9层,在前期的工作中,已经完成了工作区子系统、水平子系统、管理间子系统的施工,下面将要进行的是垂直子系统的施工。现场情况如下:大楼还未装修,大楼有弱电专用的电缆竖井,竖井中已经开凿好了上下层对齐的孔,管理间子系统安装在电缆竖井中,每层楼的管理间子系统均有1条16芯室内光纤和1条25对双绞线与设备间子系统连接。公司安排小李所在的施工小队进行该幢大楼的垂直子系统施工,请小李带领小队完成施工任务。

▌【项目分析】

垂直子系统是综合布线系统中非常关键的组成部分,它由设备间子系统与管理间子系统的引入口之间的布线组成,采用大对数电缆或光缆。两端分别连接在设备间和楼层管理间的配线架上。它是建筑物内综合布线的主干缆线，是建筑物设备间和楼层配线间之间垂直布放（或空间较大的单层建筑物的水平布线）缆线的统称。图 6.0.1 所示为垂直子系统示意图。

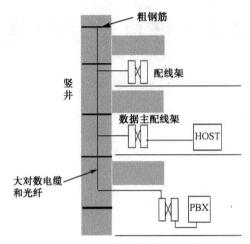

图 6.0.1　垂直子系统示意图

在实际工程中，大多数建筑物都是垂直向高空发展的，因此很多情况下会采用垂直型的布线方式。但是也有很多建筑物是横向发展的，如飞机场候机厅、工厂仓库等，这时也会采用水平型的布线方式。因此垂直线缆的布线路由既可能是垂直型的，也可能是水平型的，或是两者的综合。

【项目目标】

知识目标：

1）了解垂直线槽安装要求。

2）了解垂直线缆敷设的方式。

3）掌握绑扎垂直线缆的方法。

4）掌握大对数双绞线端接的步骤。

技能目标：

1）能够规范地安装垂直子系统线槽与桥架。

2）能够正确地敷设垂直子系统线缆。

3）能够正确地绑扎垂直子系统线缆。

4）能够正确地端接大对数双绞线。

【知识准备】

垂直子系统的线缆直接连接着几十或几百个用户，因此一旦干线电缆发生故障，影响巨大。为此，我们必须十分重视垂直子系统的施工工作。

1. 垂直子系统线缆的连接方式

通常，垂直子系统线缆的连接方式有 3 种：点对点端接、分支递减端接、电缆直接端接。设计者要根据建筑物结构和用户要求，确定采用哪种连接方式。

点对点端接是最简单、最直接的接合方法。每个楼层管理间到设备间都有独立的线缆连接，如图 6.0.2 所示。它从设备间引出干线线缆，经过干线通道，端接于各楼层的一个指定配线间的连接件。线缆到各连接件上为止，不再往别处延伸。线缆的长度取决于它要连接哪个楼层以及端接的配线间与干线通道之间的距离。此种连接只用一根电缆或光缆独立供应一个楼层，其双绞线对数或光纤芯数应能满足该楼层的全部用户信息点的需要，系统不是特别大的情况下，应首选这种端接方法。

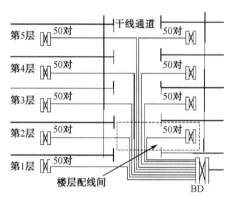

图 6.0.2　点对点端接方式

2. 垂直子系统常用的缆线类型

垂直子系统数据链路使用的线缆主要有室内光缆和 6 类双绞线两种类型，语音链路主要有大对数双绞线，如图 6.0.3 所示。要根据布线环境的限制和用户对综合布线系统设计等级的考虑确定。但无论选择哪种线缆，都应满足工程的实际需求，并留有适当的备份容量。

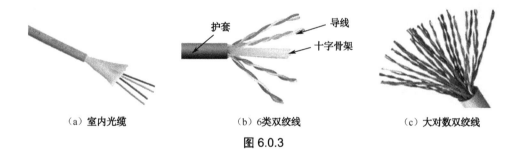

（a）室内光缆　　　　　（b）6类双绞线　　　　　（c）大对数双绞线

图 6.0.3

3. 垂直子系统路径的选择

垂直子系统一端与建筑物设备间连接，另一端与楼层管理间连接，其路由的选择要根据建筑物的结构以及建筑物内预留的电缆孔、电缆井等通道位置决定。

建筑物内一般有封闭型和开放型两类通道，宜选择带门的封闭型通道敷设垂直缆线。开放型通道是指从建筑物的地下室到楼顶的一个开放空间，中间没有任何楼板隔开，如电梯井，这种类型的通道不适合用来安装敷设垂直子系统。封闭型通道又称电缆竖井或弱电间，如图 6.0.4 所示，每层楼都有一个弱电间，上下层对齐，弱电间中通常已经预留了 1 个或多个供给线缆与线槽通过的通道，如图 6.0.5 所示。垂直子系统应尽量安装在电缆竖井或弱电间中。

图 6.0.4　弱电井　　　　　　　　图 6.0.5　电缆井通道

部分建筑物中没有电缆竖井或弱电间，则需要开凿通道以供垂直子系统通过，如图 6.0.6 所示。这时通道应开凿在管理子系统的旁边，以便垂直子系统用最短的路径与管理间子系统连接，开凿通道时需注意安全施工，并在必在地方放置安全提示。

图 6.0.6　开凿电缆通道

4．垂直子系统的线槽与桥架

由于垂直子系统涉及每个楼层，并且连接建筑物的设备间和楼层管理间交换机等重要设备，布线路由一般使用金属线槽或桥架，在设计和施工中要加强接地措施，预防雷电击穿破坏，还要防止缆线遭受破坏等，并且注意与强电保持较远的距离，防止电磁干扰等。

5．垂直子系统线缆绑扎

垂直子系统敷设缆线时，应对缆线进行绑扎。对绞电缆、光缆及其他信号电缆应根据缆线的类别、数量、缆径、缆线芯数分束绑扎，绑扎间距不宜大于 1.5m，防止线缆因重量产生拉力造成线缆变形。

▌【项目实施】

任务 1　规范地安装垂直子系统线槽

【任务描述】

分析完垂直子系统施工图样，所需的工具和材料到位后，就可以开始安装垂直子系统的线槽和桥架了，请根据实际情况规范地安装垂直子系统线槽和桥架。

【任务目标】

规范地安装垂直子系统线槽和桥架。

【主要工具】

冲击钻、角磨机、扳手、剪刀、劳保套装等。

【工作过程】

1．开凿垂直通道

如果在弱电井中已经有开凿好的垂直通道，则此步骤可省略，否则需要先在预定的位置开凿垂直通道，如图 6.1.1 所示，才能安装线槽或桥架。

图 6.1.1　采用开孔工具开凿垂直通道

开凿电缆通道时应注意几下几点。

1）开凿电缆通道时应从低层开始，避免从上至下开凿时楼层天花板上开凿处因震动有石块落下。

2）开凿工作不可多楼层同时进行，以免上层楼开凿时所产生的石块将下层楼的施工人员砸伤。

3）在当层楼开凿作业时，需要在危险区域设置警示牌。

2．安装垂直线槽

（1）安装支架

1）先在墙上安装支架，再将线槽或桥架安装在支架上，如图 6.1.2 所示。常见的垂直线槽支架有扁钢支架和角钢支架，如图 6.1.3 所示。

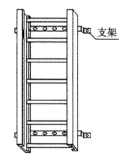支架

图 6.1.2　扁钢支架和角钢支架效果图

（a）扁钢支架 （b）角钢支架

图 6.1.3 支架

在下列情况下应设置支架：线槽接头处支架，每间距 1.5m 处支架，离开线槽两端出口 0.3m 处，转弯处。

2）支架由膨胀螺栓及螺母固定在墙上。膨胀螺栓由沉头螺栓、胀管、平垫圈、弹簧垫和六角螺母组成，如图 6.1.4 所示。

 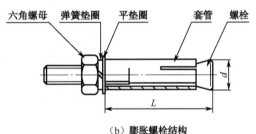

（a）膨胀螺栓 （b）膨胀螺栓结构

图 6.1.4 膨胀螺栓及其结构

使用膨胀螺栓时，必须先用冲击电钻（锤）在固定体上钻出相应尺寸的孔，再把螺栓、胀管装入孔中，旋紧螺母即可使螺栓、胀管、安装件与固定体之间胀紧成为一体。安装过程如图 6.1.5 所示。

 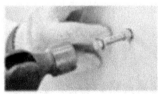 

图 6.1.5 膨胀螺栓安装过程

螺栓尾部有一个大头，拧紧以后会膨胀，螺栓外面套一个比螺栓直径稍大的圆管，尾部有几道开口，当螺栓拧紧以后，大头的尾部就被带到开口的管子中，把管子冲大，达到膨胀的目的，进而把螺栓固定在地面或墙壁上，达到固定的目的，如图 6.1.6 所示。

（2）安装线槽

1）线槽与桥架、支架之间的固定采用螺栓，如图 6.1.7 所示。

2）线槽之间用接头连接板拼接，螺钉应拧紧，如图 6.1.8 所示。两线槽拼接处水平偏差不应超过 2mm。

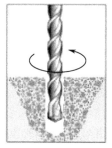 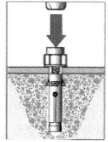 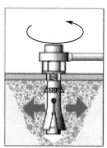

图 6.1.6　膨胀螺栓原理图

3）线槽应与地面保持垂直，应无倾斜现象，垂直度偏差不应超过 3 mm，如图 6.1.9 所示。

图 6.1.7　螺栓

图 6.1.8　线槽连接板

图 6.1.9　垂直线槽安装结果图

任务2　正确地敷设垂直子系统线缆

【任务描述】

办公大楼的垂直子系统线槽安装好后，就该向线槽中敷设所需的双绞线了，请根据施工图纸和施工要求，完成办公大楼垂直子系统的线缆敷设。

【任务目标】

采用适当的方法，为办公大楼敷设垂直子系统线缆。

【主要工具】

室内光缆、大对数双绞线、滑轮、剪线钳、标签、剪刀、笔、劳保套装等。

【工作过程】

垂直子系统线缆敷设通常有以下两种方法：向下垂放线缆和向上牵引线缆。但无论采用哪种敷设方法，都要先完成以下两个工作。

1）在敷设线缆前及敷设过程中为线缆贴上临时标签，避免因标签不明确及二次确定线缆端口带来的多余的工作量。

2）核实缆线的长度与质量：在敷设缆线前，检查线缆两端，核实外护套上的总尺码标记，并计算外护套的实际长度，力求精确核实，以免敷设后发生较大误差。

确定运到敷设地点的缆线的尺寸和净重，以便考虑有无足够体积和负载能力的电梯将缆线盘运到顶层或相应楼层，从而决定向上还是向下牵引缆线施工。

1．向下垂放线缆

在弱电间的地板及天花板上，通常有已经开凿好的电缆孔或电缆井，电缆孔用来敷设单根线缆；而对于电缆井的使用，可先穿过电缆井架设线槽或桥架，再将线缆布放在桥架上或线槽内。向下垂放线缆的方法因实际环境的不同，可大致分为小孔垂放线缆和电缆井垂放线缆。

（1）小孔垂放线缆

小孔向下垂放线缆的一般步骤如下。

1）把线缆卷轴放到最顶层。

2）在离竖井处（孔洞处）3～4m 处安装线缆卷轴，如图 6.2.1 所示，并从卷轴顶部馈线。

3）在线缆卷轴处安排所需的布线施工人员（数目视卷轴尺寸及线缆质量而定），每层上要有一个工人以便引寻下垂的线缆。

4）开始旋转卷轴，将线缆从卷轴上拉出。

5）在孔洞中安放一个塑料的靴状保护物，以防止孔洞不光滑的边缘擦破线缆的外皮，如图 6.2.2 所示。

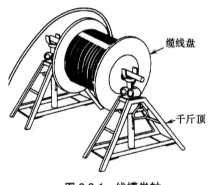

图 6.2.1　线槽卷轴

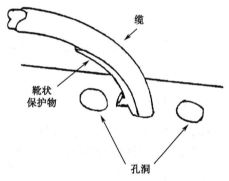

图 6.2.2　靴状保护物

6）将拉出的线缆引导进竖井中的孔洞。

7）慢慢地从卷轴上放缆并进入孔洞向下垂放，不要快速地放缆。

8）继续放线，直到下一层布线人员能将线缆引到下一个孔洞。

9）按前面的步骤，继续慢慢地放线，并将线缆引入各层的孔洞。

（2）电缆井垂放线缆

如果要经由一个电缆井垂放垂直线缆，因为电缆井较大，因此无法使用靴状保护物来保护线缆，此时需要使用滑轮（图 6.2.3）来垂直向下敷设线缆。电缆井向下垂放线缆的一般步骤如下。

图 6.2.3 滑轮

1）在孔的中心处装上一个滑轮，如图 6.2.4 所示。

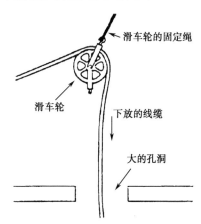

图 6.2.4 采用滑轮垂放线缆

2）将缆拉出绕在滑车轮上。

3）按前面所介绍的方法牵引缆穿过每层的孔，当线缆到达目的地时，把每层上的线缆绕成卷放在架子上固定起来，等待以后的端接。

2．向上牵引线缆

当线缆盘因各种因素不能搬到顶层，或建筑物本身楼层数量较少，建筑物垂直布线的长度不大时，也可采用向上牵引线缆的敷设方式。向上牵引线缆可用电动牵引绞车，如图 6.2.5 所示。

向上牵引线缆的步骤如下。

1）对垂直线缆路由进行检查，确定至管理间的每个位置都有足够的空间敷设和支持垂直线缆。

2）按照线缆的质量，选定绞车型号，并按绞车制造厂家的说明书进行操作。先往绞车中穿一条绳子，根据线缆的大小和质量及竖井的高度，确定拉绳的大小和抗张强度。

3）往下垂放一条拉绳，拉绳向下垂放直到安放线缆的底层。

4）将线缆绑在拉绳上。

5）启动绞车，慢慢地将线缆通过各层的孔向上牵引。在每个楼层应有施工人员，使线缆不得在洞孔边缘磨、蹭、刮、拖等。

图 6.2.5　线缆电动牵引绞车

6）缆的末端到达顶层时，停止绞车。

7）当所有连接制作好之后，从绞车上释放线缆的末端。

3. 敷设垂直线缆注意事项

1）无论采用何种牵引方式，要求每层楼都有人驻守，观察线缆敷设情况，这些施工人员需要带有安全手套、无线电话等设备，及时发现和处理问题。

2）将需要敷设在该桥架中的电缆按顺序摆放，排列整齐，尽量避免交叉。

任务 3　正确地绑扎垂直子系统线缆

【任务描述】

垂直子系统的线缆敷设完成后，因为这些线缆都是垂直向下的，线缆的重力由上方的线缆弯曲点承受，如果不将这些线缆绑扎在支架上，随着时间的推移，线缆上方的弯曲点会因为线缆自身重力而造成变形或断裂，进而影响综合布线系统的可靠性。因此，对垂直线缆进行绑扎，使重力分散在各个支架上，是非常有必要的。

【任务目标】

将垂直线缆绑扎在支架上。

【主要工具】

支架、扎带、剪刀、劳保套装。

【工作过程】

1. 线缆绑扎基本要求

1）线缆绑扎要求做到整齐、清晰及美观。一般按类分组，线缆较多可再按列分类。

2）使用扎带绑扎线束时，应视不同情况使用不同规格的扎带，常见的扎带如图 6.3.1 所示。

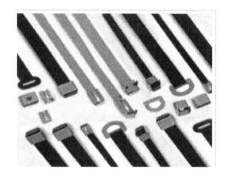

图 6.3.1 线缆扎带

3）尽量避免使用两根或两根以上的扎带连接后并扎，以免绑扎后强度降低。

4）扎带扎好后，应将多余部分齐根平滑剪齐，在接头处不得留有尖刺。

5）线缆绑成束时扎带间距应为线缆束直径的 3～4 倍，且间距均匀。

6）绑扎成束的线缆转弯时，应尽量采用大弯曲半径，以免在线缆转弯处应力过大而造成数据传输时损耗过大。

7）可以线缆敷设时，敷设一根整理一根、卡固一根。也可在线缆敷设完成后进行统一绑扎，采用哪种方法应根据施工要求与环境决定。

2. 无线槽的垂直子系统线缆绑扎方式

对于采用电缆孔和电缆井布线的垂直系统，可采用将线缆直接绑扎在支撑架上、绑扎在梯架上和绑扎在钢缆上 3 种方式。

（1）直接绑扎在线缆支撑架上

采用这种方式绑扎线缆，工程量较小，施工简单。施工时先在垂直线缆的路由上水平安装电缆支架，安装间距为 1.5m、进线出线处或有特殊需要的地方。当垂直线缆布放完后，用扎带将线缆分组绑扎在电缆支架上，如图 6.3.2 所示。

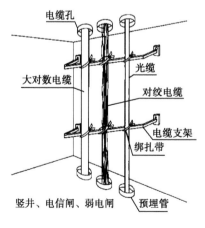

图 6.3.2 线缆直接绑扎在支撑架上

（2）绑扎在梯架上

采用这种方式绑扎线缆，工程量较大，施工较为复杂，但整个垂直系统比较稳固。

施工时先在垂直线缆路由上每隔 1m 左右安装梯式桥架的支撑架,将梯式桥架安装并固定在支撑架上,再将垂直线缆用扎带绑扎在梯式桥架上,如图 6.3.3 所示。采用这种方式时应尽量避免将梯式桥架安装在墙上。

（3）绑扎在钢缆上

因为钢缆的承重力较大,也可先在垂直子系统路由处安装钢缆,再将线缆绑扎在钢缆上,让钢缆分担线缆的重力。

施工时,先根据设计的布线路径在墙面安装支架,在垂直方向每隔 1000mm 安装 1 个支架。支架安装好以后,根据需要的长度用钢锯裁好合适长度的钢缆,必须预留两端绑扎长度。钢缆两端用 U 形卡将钢缆固定在支架上,如图 6.3.4 所示。用线扎将线缆绑扎在钢缆上,间距 500mm 左右。在垂直方向均匀分布线缆的质量。绑扎时不能太紧,以免破坏网线的绞绕节距。也不能太松,避免线缆的质量将线缆拉伸。

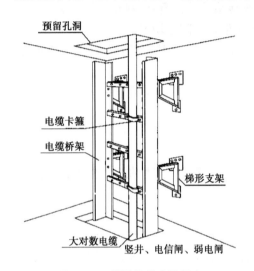

图 6.3.3　线缆绑扎在梯架上

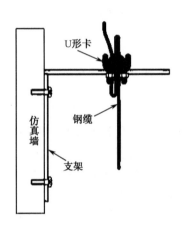

图 6.3.4　钢缆用 U 形卡将钢缆固定在支架上

3. 有线槽的垂直子系统线缆绑扎

在采用线槽作为线缆载体的场合,不适合上述绑扎线缆的方法。需采用以下方法固定垂直线缆。

（1）通过线缆卡固定垂直线缆

安装垂直线槽前,需先将线缆卡安装在线槽上,每隔 1.5m 安装一个线缆卡,然后将垂直线槽安装在垂直路由上,当垂直线缆在线槽中布放完成后,再将线缆固定在线槽内的线缆卡上,如图 6.3.5 所示,让线槽平均分布线缆的质量。

采用这种方法可使线槽中的垂直线缆较为美观,但要求每个卡口只能固定一条线缆,因此线槽中线缆的数量不能太多。

（2）通过线槽内支架绑扎线缆

如果垂直线槽内的线缆较多,则不适合用线缆卡槽,但可采用以下两种方式绑扎线缆。

1）采用圆钢支架:在垂直线槽安装在墙上时,先在线槽内每隔 1.5m 处焊接一根较硬的圆钢,再将线槽安装在墙上,垂直线缆布放好后,将垂直线缆分布绑扎在圆钢上,如图 6.3.6 所示。

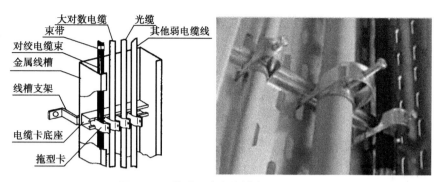

图 6.3.5　线缆固定在线槽内的线缆卡上

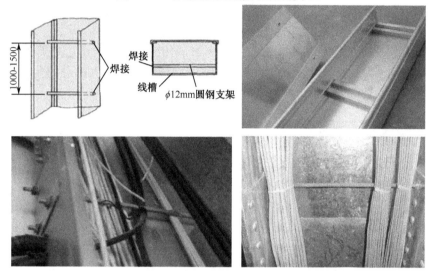

图 6.3.6　采用圆钢支架固定线缆

2）采用扁钢支架：如果觉得圆钢支架焊接麻烦，也可用适合的扁钢支架来替代，如图 6.3.7 所示，先将扁钢支架用螺钉固定在线槽内，再将线缆绑扎在扁钢支架上。

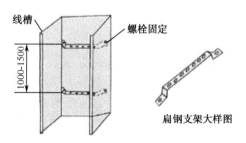

图 6.3.7　线槽中的扁钢支架

任务 4　正确地端接大对数双绞线

【任务描述】

垂直子系统的线槽敷设好后，就要将线缆端接到管理间的配线架上，4 对双绞线的端接方法在前面已经讲述，本任务要完成端接大对数双绞线。

【任务目标】

正确地端接大对数双绞线。

【主要工具】

110 打线工具、5 对打线工具、剥线钳、剪刀、扎带等。

【工作过程】

1）从机柜进线处开始整理电缆，如图 6.4.1 所示，电缆沿机柜两侧整理至配线架处，并留出大约 25cm 的大对数电缆。

2）用电工刀或剪刀把大对数电缆的外皮剥去，如图 6.4.2 所示，用剪刀把撕剥绳剪掉，使用绑扎带固定好电缆，将电缆穿过 110 语音配线架左右两侧的进线孔，摆放至配线架打线处。

图 6.4.1　机柜内大对数双绞线　　　　　图 6.4.2　剥去护套后的大对数双绞线

3）按线缆主色对大对数分线原则进行分线，如图 6.4.3 所示。

 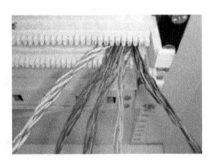

图 6.4.3　将大对数线缆分好

4）根据电缆色谱排列顺序，将对应颜色的线对逐一压入槽内，如图 6.4.4 所示。

5）使用 110 打线工具固定线对连接，同时将伸入槽内多余的导线截断。注意：刀要与配线架垂直，刀口向外，如图 6.4.5 所示。

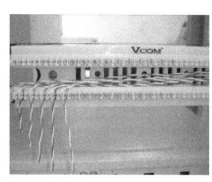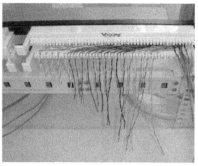

图 6.4.4　压入槽内的大对数双绞线

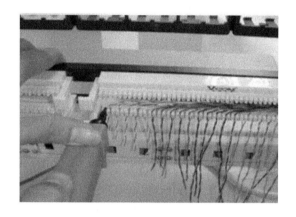

图 6.4.5　压制 110 配线架

6）准备 5 对打线工具和 110 连接块，连接块放入 5 对打线工具中，把连接块垂直压入槽内，如图 6.4.6 所示，并贴上编号标签。

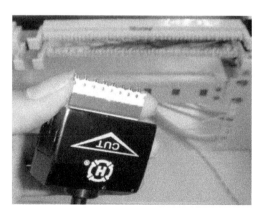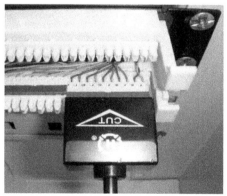

图 6.4.6　压制 110 连接块

7）端接好后的 110 配线架如图 6.4.7 所示。

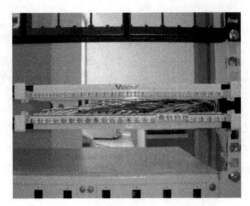

图 6.4.7　端接好后的 110 配线架

‖【任务测评】

1. 请写出选用的垂直子系统线槽和桥架的种类和型号。
2. 安装垂直子系统线槽需要开凿通道吗？
3. 简述安装垂直子系统线槽和桥架的步骤。
4. 请写出所选用的垂直子系统线槽的种类、数量和长度。
5. 使用向下垂放法还是使用向上牵引法敷设垂直子系统线缆？简述其原因。
6. 采用哪种方法来绑扎垂直子系统的线缆？
7. 请问使用了多少时间正确地端接大对数双绞线？
8. 在本项目的实施过程中，遇到了哪些问题？是如何解决的？
9. 请编写项目总结。

项目 7　设备间与系统施工

▌核心技术

◆ 设备间与系统的布局与设计

◆ 设备间与系统的设计要求

◆ 设备间与系统的设备安装与连接

◆ 设备间与系统的理线与标识

◆ 设备间与系统的防雷技术

▌任务目标

◆ 认识设备间

◆ 规范理线

◆ 标识管理

◆ 防雷施工

▌知识摘要

◆ 设备间及其基本组成

◆ 设备间的规范理线要求

◆ 设备间的标识管理

◆ 设备间的防雷施工

▌【项目背景】

每栋大楼的适当地点都要设置进线设备，设备间是建筑物内安装各种通信设备和应用设备的房间，也是进行网络管理以及网络人员值班的场所，是综合布线的关键部分。因此对设备间的位置选择、布局、内部设计及设备的安装等显得尤为重要。

某公司综合布线工程施工中，办公楼为 3 层建筑，各层均作为办公使用。现在为其选定一间房间作为设备间并对其进行布局与设计，对其内部的设备进行安装与连接，并做好相应工作。

▌【项目分析】

分析一：　在设计设备间时，设计人员与用户方应根据实际情况确定设备间的位置，应选择周围环境好、安全、易于维护的位置，同时设计设备间内部的布局、线缆的敷设方法、设备的位置摆放等。

分析二：按照规范要求，对设备间的设备进行安装与连接，规范理线与标识，并做好防雷接地等安全性工作。

【项目目标】

知识目标：

设备间的设计与布局要求

技能目标：

1）设备间的设计

2）设备的安装与连接

3）规范理线与标识

4）防雷施工

【项目实施】

任务 1　认识设备间

【任务描述】

按照用户及设备间的设计要求，将该公司设备间安排在一楼电梯间附近，面积约为 20m²，并且将安装设备区域和网络管理人员办公区域分开，这样方便设备的维护，有利于管理人员的办公。按照 GB 50311—2007《综合布线系统工程设计规范》设计此设备间。

【任务目标】

设备间的布局与设计。

【工作过程】

1．根据要求规划布局

1）设备间室温应保持为 18～27℃，相对湿度保持为 30%～55%；保持室内无尘或少尘，通风良好，亮度至少达 30 英尺一烛光；使用外开式防火门并提供合适的门锁，至少要有一扇窗口留做安全出口；安装合适的消防系统。

2）设备间内至少留有两个为本系统专用的，符合一般办公室照明要求的 220V 电压、10A 电流单项三相电源插座。在设备间内放置网络设备应按照设备间供电需求，配有带 4 个 AC 双排插座的 20A 专用线路，此线路不应与其他大型设备关联，并且最好先连接到 UPS 上以确保对设备的供电质量。在静电地板下做好所有设备的接地。

3）设备间要吊顶、敷设静电地板，室内采用中央空调吊顶时应考虑机柜位置，设置好空调出风口，吊顶和安装地板后的净高应不小于 2.4m，安装布线硬件的墙壁上必须覆盖阻燃漆的 3/4 英寸（合 1.9cm）的木板。使用玻璃隔断将设备区和电源区分开，进门处单独规划作为更衣室。

4）数据主配线架 MDF 位于网络中心机房，作为 IDF 汇聚层接入点，连接各楼层 IDF，数据主配线架采用 24 口或 18 口模块化 RJ45 插口式配线架连接本区域的楼层水平电缆；光纤主配线架采用 24 口光纤互连单元，连接来自各楼层的数据骨干光纤。语音机房位于程控机房内，采用 110 型双绞线配线架连接电话中继线、直线、程控交换机的分机线，以及来自配线架的语音骨干铜缆（大对数 UTP）。所有配线架均安装在 42U 的 19 英寸机柜上。

2. 绘制设备间布局图

根据以上要求使用 Visio 软件画出布局图，如图 7.1.1 所示；设备间设备布局图，如图 7.1.2 所示；设备间的设计效果图，如图 7.1.3 所示。

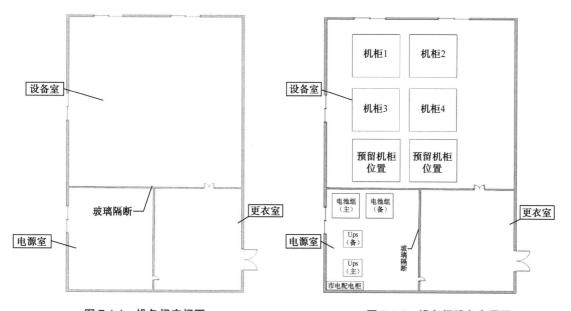

图 7.1.1　设备间房间图　　　　　　　图 7.1.2　设备间设备布局图

图 7.1.3　设备间的设计效果图

任务 2　规范理线

【任务描述】

机柜整理中最重要的一个步骤就是理线，传统的理线方式安装网络设备时容易破坏造型，甚至出现不易将网络设备安装到位的现象；每根双绞线的重量全部变成拉力，作用在模块的后侧，可能会在数月、数年后使模块与双绞线分离，引起断线故障；维护人员进行维护时非常不方便。因此，规范地整理机柜中的线缆，是非常有必要的。

【任务目标】

规范地整理机柜中的双绞线。

【工作过程】

1．制作理线板

理线板是正向理线的必备工具，同时要使用相应的理线表配合理线。理线板可以用橡胶板、纤维板、层压板或木板在现场自制，也可以预先制作好使用。

理线板的制作方法十分简单：测量所用双绞线的缆径，并附加 2～4mm 后形成理线板的孔径，然后根据板的强度选择孔与孔之间的距离，在板上横向划 5 根线、纵向划 5 根线，预留有写编号的空间，确定板的长宽尺寸。剪切或锯下多余部分后，使用手枪钻在划线的交叉点上以所确定的孔径钻 25 个孔后，用粗砂纸将所有的边沿倒角后，在横向写上（或刻上）1～5，在纵向写上（或刻上）A～E，如图 7.2.1 所示。

理线板是一块 25 孔方板（对应于 24 口配线架的合适尺寸 5×5 孔理线板，也可以选用 4×6、8×8 等规格），单面写字，每孔可以穿 1 根水平双绞线。可以想象：当双绞线穿入理线板后，彼此间的相对位置就基本固定了，根据其位置进行绑扎时不容易出现大的错位现象，更不易出现线缆的交叉现象。

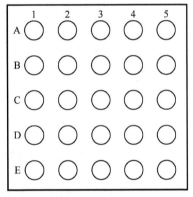

图 7.2.1　制作好的理线板

2．制作理线表

理线板需使用相应的理线表配合理线。

理线表是一张人为定义的表格，当使用 24 口配线架时可以使用 5×5 理线板，该理线表为 5 行 5 列的表格，每个单元格对应一个孔。理线表的填写方法可以有多种，每种填写方法对应于一种排列顺序。

在实际填写理线表时，应将与配线架 1～24 口对应的线缆线号填入理线表，这样线号与配线架的模块号就一一对应。在一般情况下，当配线架布置图完成后，可使用 Excel 的联动功能，自动形成针对每个配线架的理线表。

理线表的构成可以根据机柜配线架的进线方向和出线方法来确定。

（1）右进上出理线表

这种理线表的排列如图 7.2.2 所示。从机柜后侧向前看，双绞线从配线架的右侧进入配线架背后的托线架，整束双绞线从上方开始出现，1 号线进入最右侧的第 1 个模块孔，以此类推，24 号线进入最左侧的模块孔。

特点：整束线底面与托线架完全平行。

（2）右进下出理线表

这种理线表的排列如图 7.2.3 所示。从机柜后侧向前看，双绞线从配线架的右侧进入配线架背后的托线架，整束双绞线从下方开始出现，1 号线进入最右侧的第 1 个模块孔，以此类推，　24 号线进入最左侧的模块孔。

特点：整束线的上平面保持完整的斜线平行，覆盖着下面所有的双绞线，双绞线进入模块时几乎看不见。

	1	2	3	4
5	6	7	8	9
10	11	12	13	14
15	16	17	18	19
20	21	22	23	24

图 7.2.2　右进上出理线表

20	21	22	23	24
15	16	17	18	19
10	11	12	13	14
5	6	7	8	9
	1	2	3	4

图 7.2.3　右进下出理线表

（3）左进上出理线表

这种理线表的排列如图 7.2.4 所示。从机柜后侧向前看，双绞线从配线架的左侧进入配线架背后的托线架，整束双绞线从上方开始出现，24 号线进入最左侧的第 1 个模块孔，以此类推，1 号线进入最右侧的模块孔。

特点：整束线底面与托线架完全平行。

（4）左进下出理线表

这种理线表的排列如图 7.2.5 所示。从机柜后侧向前看，双绞线从配线架的左侧进入配线架背后的托线架，整束双绞线从下方开始出现，24 号线进入最左侧的第 1 个模块孔，以此类推，1 号线进入最右侧的模块孔。

特点：整束线的上平面保持完整的斜线平行，覆盖着下面所有的双绞线，双绞线进入模块时几乎看不见。

20	21	22	23	24
15	16	17	18	19
10	11	12	13	14
5	6	7	8	9
	1	2	3	4

图 7.2.4　左进上出理线表

	1	2	3	4
5	6	7	8	9
10	11	12	13	14
15	16	17	18	19
20	21	22	23	24

图 7.2.5　左进下出理线表

3．正向理线步骤

在正向理线过程中，需要布线材料的配合，并使用理线板和理线表，配合理线工艺才能完成具有美观、可靠、快捷、预留效果的正向理线。下面以最常见的右进上出理线方式介绍正向理线的基本施工工艺。

1）准备配线架：将配线架固定到位，背后装好托架，正面将打印了线号的面板纸装入配线架（或贴在配线架上），若配线架的模块可以卸下，则应卸下模块，如图7.2.6 所示。

2）理线板定位：理线板在穿线前先应确定其方向，使理线板在理线过程中不需要扭转方向，即可使 E1 孔就近自然对准 1 号模块，此时理线板上的 2～5 孔与配线架的 2～5 号保持平行。通常可以使用这样的方法进行定位：先将理线板垂直放在 1 号模块背后，使 E1 孔正对 1 号模块（有字的一面朝向 24 号模块），然后手持理线板顺着线缆未来的路由走向，向机房的进线口移动，移动时确保理线板只出现平行移动，不发生转动，当理线板到达进线口时，记下理线板的方位（主要是 A1 孔位置所在的方位），以便后续每块理线板使用，如图 7.2.7 所示。

图 7.2.6　安装好后的配线架

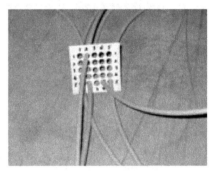

图 7.2.7　定位理线板

3）理线板穿线：在机房的进线口旁，将理线板按确定的方位将板的方向调整好，将水平双绞线按线号依理线表穿入理线板（有字的一面对着自己，线从无字的一面穿入板中），这道工序一般由两人完成：一人找到线号（只要找到该理线板所需的线号即可）并将其与其他线缆分离，一人将线穿入理线板的对应孔中。应该注意的是，双绞线应全部穿过理线板，即应该将理线板紧贴在进线口旁，如图 7.2.8 所示，这样才能保证进入机房的双绞线全部被整理。

4）路由理线：先在理线板外侧（无字侧）根部用魔术贴（或尼龙扎带）将穿入理线板的双绞线扎成一束；然后将理线板沿着指定的路由向自己方向平移，平移 100mm 后在理线板外侧根部用魔术贴（或尼龙扎带）再绑扎一次（防止前次绑扎松动），如图 7.2.9 所示。此时应注意使线束形成圆形，而线束外侧的线应该是理线板外围一圈的线，理线板中间的线在线束的内部，确定后的所有双绞线的相对平行一直要保持到配线架的最远端的模块后侧（即第 24 个模块后侧）；继续平移理线板 200mm 左右，在理线板外侧根部用魔术贴（或尼龙扎带）绑扎，注意每根线应保持与前次绑扎时的位置相同，不允许有线从外层转入内层，也不允许内层线转入外层；依次平移，直到配线架为止。

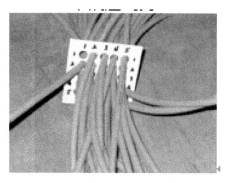

图 7.2.8　线缆全部穿过理线板

图 7.2.9　沿指定路由理线

5）线束固定：在理线过程中，如果遇到桥架上的扎线孔或机柜内的扎线板，则应在绑扎线束的同时将线束绑扎在桥架或机柜上，以免线束下滑，如图 7.2.10 所示。

6）弯角理线：当平移过程中遇到转弯时，必须让理线板贴近转弯角，在弯角旁顺着转弯，不可以绑扎后再贴上弯角（由于弯角处内侧的线短，外侧的线长，因此如果按直线绑扎后再转弯，则弯角处的线束一定会变形）。这就要求所有的线束必须在现场绑扎，不可以事先绑扎后再移到现场，如图 7.2.11 所示。

图 7.2.10　固定线缆

图 7.2.11　弯角理线

7）托架理线：当理线板到达配线架背后的托架上后，先将线束绑扎在托架上，然后向前平移，每到达一个模块前，将线束绑扎一次，如图 7.2.12 所示；然后分出该模块对应的线缆，穿过配线架，如图 7.2.13 所示。此工序应配备 2 人：1 人分线，1 人将线从配线架背后拉到配线架正面（如果模块可以卸下，则将线从模块孔穿到正面），如图 7.2.14 所示。同时2 人唱号核对线号与配线架上的面板编号是否一致。

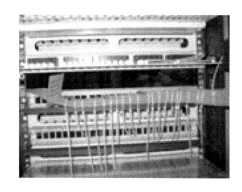

图 7.2.12　每根线抽出时绑扎

图 7.2.13　第 1 根线穿过配线架

图 7.2.14　所有线缆穿过配线架

8）将退出的理线板重新拿到进线口，使用下一个 24 口配线架的理线表，依次重复步骤 1）～8），完成下一束线的理线工作，直到全部完成为止。

任务3　标识管理

【任务描述】

数据中心的维护工作中，标识管理是极其重要的一部分，从基本的线缆上跳接信息的标示，到系统的数据中心整体标识解决方案的实施，不同层次地体现了标识管理的重要作用，如图 7.3.1 所示。完善的标识管理可以提高维护水平、降低劳动强度、压缩障碍历时、方便资产管理。

图 7.3.1　设备间中的各类标识

【任务目标】

根据实际要求为设备间子系统制作各类标识。

【工作过程】

1．粘贴式和悬挂式标识

在数据中心标识管理的实际应用中，根据不同的设备环境，标识的实现方式可以分为粘贴式和悬挂式。

粘贴式标识是较传统的标识，应用广泛。符合标准的粘贴式标识应该满足如下条件：在标准数据中心环境下，字迹清晰、明确，粘贴牢固；抗水、抗油、抗化学品擦拭，标签工作年限可达室内 10～15 年（除人为破坏外）。

在选择标识时应注意以下几点。

1）标识材质尽可能柔软，可以更好地贴合设备的烤漆不平滑表面。

2）标识粘胶层可移除性强，标识本身应为整体结构，当遇更换标识的情况时可以整体移除，不留残迹污染设备表面。

3）悬挂式标识是补充类别，多用于不适合粘贴的环境，如服务器等无粘贴表面的设备、较粗线缆等。

4）符合标准的悬挂式标识应该满足如下条件：字迹清晰、明确、耐撕扯；抗水、抗油、抗化学品擦拭，标签工作年限可达室内 10~15 年（除人为破坏外）。

2．设备标识

设备标识是数据中心标识管理中的重要部分，其内容通常包括设备名称、设备编号、设备型号、上线时间、维护人员、资产条码等。设备标识通常会跟随设备整个使用周期，服务于不同的维护人员，因此，其材质也应符合相应标准，内容更应通过专业打印实现字迹的标准规范。现在，越来越多的用户将数据中心信息管理和企业形象紧密联系起来，在设备标识的设计中体现出其企业的品牌形象，如图 7.3.2 所示。

3．机架机柜标识

机架机柜标识在数据中心中涉及的种类比较多，通常包括走线架、机柜、机架等标识，其内容则对应相关信息。其要求和设备标识相同，设计样式通常与设备标识统一，如图 7.3.3 所示。

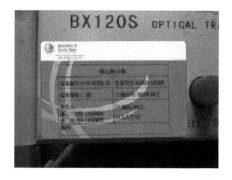

图 7.3.2　设备标识

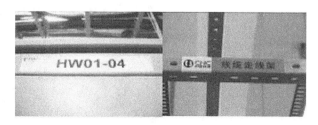

图 7.3.3　机架机柜标识

4．线缆标识

线缆标识是数据中心标识管理的重中之重。在数据中心中，线缆承载着一切业务的运行，维护量及维护难度都比较大。做好线缆标识可以大大提高工程人员及维护人员的工作效率。线缆标识通常包括弱电线缆和强电线缆，其内容通常包括起始端信息、终止端信息、跳转信息、设备名称、PDU 信息等，如图 7.3.4 所示。

图 7.3.4　线缆标识

在实际应用中，应针对不同的线缆环境使用不同的标识。例如，综合布线槽道中的走线使用覆盖保护膜标签，这类标签打印面积小，容纳信息少，但是可以紧密贴合线缆，因为保护层的设计，更能抵御槽道中线缆穿插时所造成的对信息的破坏，更好地保护数据信息。配线架及设备的跳线使用旗型标识，这是一种异型标识，特殊的设计使标识可容纳信息量成倍增加，较小的线缆接触面积利于查看，有效减少了松动端口的可能，同时，可以使用不同的颜色区分应用，使各类线缆一目了然。较粗的电缆则使用悬挂式标识，这类标识通过绑扎方式固定于电缆，助燃性弱的材质更适用于强电环境。

5．端口标识

线缆标识通常用于配线架端口，其信息与设备、线缆等一一对应，方便维护及管理。值得一提的是，近年来新推出的连续端口标识，可以单独更换独立端口信息，省时省事，更可以通过这种方式用不同的颜色单独标注重点客户，使维护级别一目了然，如图 7.3.5 所示。

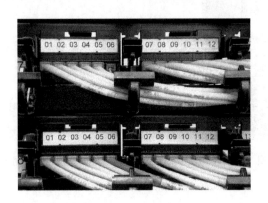

图 7.3.5　端口标识

6．空间环境标识

空间环境标识是传统标识管理的延伸，如图 7.3.6 所示。在现代数据中心标识管理中也是必不可少的一部分，可能涵盖数据中心的方方面面。

机房标识：体现机房名称，一般带有本企业品牌形象特征。

警示标识：将传统的各种警示方式统一通过标识方式实现，规范而整洁。

区域标识：根据数据中心不同的应用区域，用不同色彩的地面标识划分区域，让维护人员明确自己的工作范围。

图 7.3.6　空间环境标识

另外，还有制度标识、流程标识、喷淋管标识等，根据数据中心规模和应用都会有相应的标识管理类型，在此不再一一赘述。

总之，数据中心的标识管理是一项系统的工程，虽然看似烦琐，却能在先期施工到未来维护的各项工作中起到不可估量的作用；而且，在不断强调数据中心标准化的今天，标准化的标识管理更是先行之军。当然，数据中心的标识管理尚不完善，希望广大用户能更好地应用各类标识。

任务 4　防雷施工

【任务描述】

接地是避雷技术最重要的环节，不管是直击雷、感应雷，还是其他形式的雷，最终都是把雷电流送入大地。因此，没有合理而良好的接地装置是不能可靠避雷的。接地电阻越小，散流越快，被雷击物体高电位保持时间越短，危险性就越小。可以认为，凡是与电网连接的所有仪器设备都应当接地；凡是电力需要到达的地方，就是接地工程需要做到的地方。

【任务目标】

对设备间子系统进行防雷施工。

【工作过程】

1．制作等电位均压带

接闪装置在捕获雷电时，引下线立即升至高电位，会对防雷系统周围的尚处于低电位的导体产生旁侧闪络，并使其电位升高，进而对人员和设备造成危害。

为了减少这种闪络危险，最简单的办法是采用等电位均压带，如图 7.4.1 所示，将处于低电位的导体等电位连接起来，一直到接地装置。机房内的金属设施、电气装置和电子设备，如果其与防雷系统的导体，特别是接闪装置的距离达不到规定的安全要求，则应该用较粗的导线把它们与防雷系统进行等电位连接。这样在闪电电流通过时，机房内的所有设施立即形成一个"等电位岛"，保证导电部件之间不产生有害的电位差，不发生旁侧闪络放电。完善的等电位连接还可以防止闪电电流入地造成的低电位升高所产生的反击。

等电位联结网格应采用截面积不小于 $25mm^2$ 的铜带或裸铜线，并应在防静电活动地板下构成边长为 $0.6\sim3m$ 的矩形网格。铜排之间连接采用钻孔，用螺钉拧紧，如图 7.4.2 所示，要求更高的可采用氧焊焊接。

图 7.4.1 等电位均压带　　　　　　　　　图 7.4.2 铜排之间连接用螺钉拧紧

2．防静电地板与等电位均压带连接

防静电地板铺设后，一定要进行防静电接地处理并接保护电阻盒，否则起不到防静电作用，防静电地板也要与等电位均压带连接，如图 7.4.3 和图 7.4.4 所示

图 7.4.3　防静电地板龙骨架与　　　　　　图 7.4.4　防静电地板龙骨架与
　　等电位均压带连接（一）　　　　　　　　　等电位均压带连接（二）

3．机柜设备接地

设备地线的正常连接是设备防雷、防干扰的重要保障，所以用户在安装和使用设备时，必须首先正确连接好保护地线，图 7.4.5 所示为交换机接地，图 7.4.6 所示为配线架接地。

机柜内设备均用接地线缆（$4mm^2$）与机柜内总接地排进行连接，如图 7.4.7 所示，之后总接地点有一根很粗的电缆（$10mm^2$）截面积，直接连接到防静电地板下面的等电位均压带，如图 7.4.8 所示，保持与机房等电位状态。

图 7.4.5　交换机接地

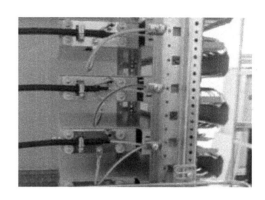

图 7.4.6　配线架接地

图 7.4.7　机柜内总接地排

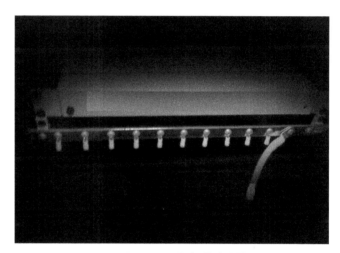

图 7.4.8　机柜接地总线

4．与大楼接地体连接

如果测试结果满足要求，则可将等电位均压带与大楼接地体进行连接。连接采用的铜质接地线截面积不应小于 50mm²（通常采用 2 根 25mm² 铜芯线在地网上取两个不同的接点）。若测试电阻不能满足该要求，则应单独制作接地体。

项目8 进线间和建筑群与系统施工

▌核心技术

- ◆ 掌握光纤熔接的方法
- ◆ 掌握光纤冷接的方法

▌知识目标

- ◆ 了解光纤工具的使用方法
- ◆ 认识光纤熔接、冷接工具

▌知识摘要

- ◆ 了解光纤熔接机
- ◆ 懂得如何进行光纤熔接、冷接

▌【项目背景】

某小区为光纤入户工程，小李是某综合布线工程公司技术人员，他接受了这个任务，那么他应该如何进行规划和施工？

▌【项目分析】

分析一：光纤入户工程的综合布线主要围绕光纤进行施工，设计主要进线间和建筑群的施工，主要在光纤传输干线和光纤交接箱施工，光纤施工技术涉及光纤熔接。

分析二：光纤冷接技术是用于光纤到用户的简易连接方法，它与光纤熔接技术相比，制作方法更简单，使用光纤冷接的工具要比熔接的工具少且更经济，但是光纤冷接也有着致命的缺点：冷接后的光纤噪声要比熔接大很多，所以它不能使用在分光器的光纤施工中，一般来说只能用于光交换机到用户端的快速连接。

▌【项目目标】

知识目标：

进线间的设计与布局要求

技能目标：

光纤熔接和光纤冷接

▌▌【知识准备】

1. 进线间及设计要求

1）进线间应设置管道入口。

2）进线间应满足缆线的敷设路由、成端位置及数量、光缆的盘长空间和缆线的弯曲半径、充气维护设备、配线设备安装所需要的场地空间和面积。

3）进线间的大小应按进线间的进局管道最终容量及入口设施的最终容量设计。同时应满足多家电信业务经营者安装入口设施等设备的面积的要求。

4）进线间宜靠近外墙和在地下设置，以便于缆线引入。进线间设计应符合下列规定。

① 进线间应防止渗水，宜设有抽排水装置。

② 进线间应与布线系统垂直竖井沟通。

③ 进线间应采用相应防火级别的防火门，门向外开，宽度不小于 1000mm。

④ 进线间应设置防有害气体措施和通风装置，排风量按每小时不小于 5 次容积计算。

5）与进线间无关的管道不宜通过。

6）进线间入口管道口所有布放缆线和空闲的管孔应使用防火材料封堵，做好防水处理。

7）进线间如安装配线设备和信息通信设施，则应符合设备安装设计的要求。

2. 光纤熔接技术

（1）影响光纤熔接损耗的主要因素

影响光纤熔接损耗的因素较多，大体可分为光纤本征因素和非本征因素两类。

1）光纤本征因素是指光纤自身因素，主要有以下 4 点。

① 光纤模场直径不一致。

② 两根光纤芯径失配。

③ 纤芯截面不圆。

④ 纤芯与包层同心度不佳。

2）光纤非本征因素即指接续技术。其主要包括以下几点。

① 轴心错位：单模光纤纤芯很细，两根对接光纤轴心错位会影响接续损耗。当错位 $1.2\mu m$ 时，接续损耗达 0.5dB。

② 轴心倾斜：当光纤断面倾斜 1° 时，约产生 0.6dB 的接续损耗，如果要求接续损耗 ≤0.1dB，则单模光纤的倾角应为 ≤0.3°。

③ 端面分离：活动连接器的连接不好，很容易产生端面分离，造成连接损耗较大。当熔接机放电电压较低时，也容易产生端面分离，此情况一般能在有拉力测试功能的熔接机中发现。

④ 端面质量：光纤端面的平整度差时也会产生损耗，甚至产生气泡。

⑤ 接续点附近光纤物理变形：光缆在架设过程中的拉伸变形，接续盒中夹固光缆压力太大等，都会对接续损耗有影响，甚至熔接几次都不无法改善。

3）其他因素的影响。接续人员操作水平、操作步骤、盘纤工艺水平、熔接机中电极清洁程度、熔接参数设置、工作环境清洁程度等均会影响熔接损耗的值。

（2）降低光纤熔接损耗的措施

1）一条线路上尽量采用同一批次的优质裸纤。同一批次的光纤，其模场直径基本相同，光纤在某点断开后，两端间的模场直径可视为一致，因而在此断开点熔接可使模场直径对光纤熔接损耗的影响降到最低。所以要求光缆生产厂家用同一批次的裸纤，按要求的光缆长度连续生产，在每盘上顺序编号并分清 A、B 端，不得跳号。敷设光缆时必须按编号沿确定的路由顺序布放，并保证前盘光缆的 B 端和后一盘光缆的 A 端相连，从而保证接续时能在断开点熔接，并使熔接损耗值最小。

2）光缆架设按要求进行。在光缆敷设施工中，严禁光缆打小圈及弯折、扭曲，3km 的光缆必须 80 人以上施工，4km 的光缆必须 100 人以上施工，并配备 6~8 部对讲机。另外，"前走后跟，光缆上肩"的放缆方法，能够有效地防止打背扣的发生。牵引力不超过光缆允许的 80%，瞬间最大牵引力不超过 100%，牵引力应加在光缆的加强件上。敷设光缆应严格按光缆施工要求，从而最低限度地降低光缆施工中光纤受损伤的几率，避免光纤芯受损伤导致的熔接损耗增大。

3）挑选经验丰富、训练有素的光纤接续人员进行接续。现在熔接大多是熔接机自动熔接，但接续人员的水平直接影响接续损耗的大小。接续人员应严格按照光纤熔接工艺流程图进行接续，并且熔接过程中应一边熔接一边用 OTDR 测试熔接点的接续损耗。不符合要求的应重新熔接，对熔接损耗值较大的点，反复熔接次数以 3 或 4 次为宜，多根光纤熔接损耗都较大时，可剪除一段光缆后重新开缆熔接。

4）接续光缆应在整洁的环境中进行。严禁在多尘及潮湿的环境中露天操作，光缆接续部位及工具、材料应保持清洁，不得使光纤接头受潮，准备切割的光纤必须清洁，不得有污物。切割后光纤不得在空气中暴露时间过长，尤其是在多尘潮湿的环境中。

5）选用精度高的光纤端面切割器来制备光纤端面。光纤端面的好坏直接影响到熔接损耗大小，切割的光纤应为平整的镜面，无毛刺，无缺损。光纤端面的轴线倾角应小于 1°，高精度的光纤端面切割器不但可以提高光纤切割的成功率，也可以提高光纤端面的质量。这对 OTDR 测试不着的熔接点（即 OTDR 测试盲点）和光纤维护及抢修尤为重要。

6）熔接机的正确使用。熔接机的功能就是把两根光纤熔接到一起，所以正确使用熔接机也是降低光纤接续损耗的重要措施。根据光纤类型正确合理地设置熔接参数、预放电电流、预放电时间及主放电电流、主放电时间等，并且在使用中和使用后及时去除熔接机中的灰尘，特别是夹具、各镜面和 V 形槽内的粉尘和光纤碎末。每次使用前应使熔接机在熔接环境中放置至少 15min，特别是在放置与使用环境差别较大的环境（如冬天的室内与室外），根据当时的气压、温度、湿度等环境情况，重新设置熔接。

▌【项目实施】

任务 1　光纤熔接

【任务描述】

根据进线间和建筑群的施工项目背景，在实训室用光纤熔接机进行光纤热熔施工。

【任务目标】

光纤热熔施工。

【施工工具】

光纤切割刀、克丝钳、尖嘴钳、螺钉旋具、美工刀、松套剥除器、涂敷层剥除器、六棱扳手、光纤熔接机等，如图 8.1.1～图 8.1.9 所示。

图 8.1.1　光纤切割刀

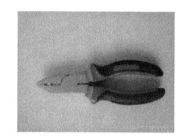

图 8.1.2　克丝钳

图 8.1.3　尖嘴钳

图 8.1.4　螺钉旋具

图 8.1.5　美工刀

图 8.1.6　松套剥除器

图 8.1.7　涂敷层剥除器

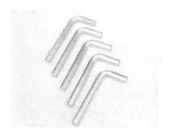

图 8.1.8　六棱扳手

图 8.1.9　光纤熔接机

【施工耗材】

酒精、医用棉、清洁纸、接头盒等。

【工作过程】

1）光纤熔接需用到的工具，如图 8.1.10 所示。

2）使用涂敷层剥除器去掉尾纤保护套（长度为 300mm 左右），如图 8.1.11 所示。

3）剥好后的尾纤如图 8.1.12 所示。

4）剪去尾纤上的保护绳，如图 8.1.13 所示。

图 8.1.10　光纤熔接工具

图 8.1.11　剥除保护套

图 8.1.12　剥好后的尾纤

图 8.1.13　剪去尾纤保护绳

5）剥除光纤的内保护套（长度为 25mm 左右），如图 8.1.14 所示。

6）剥除光纤涂覆层（长度为 20mm 左右）

7）使用酒精棉球擦拭光纤，如图 8.1.15 所示。

图 8.1.14　剥除光线内保护套

图 8.1.15　擦拭光纤

8）切割刀回刀，如图 8.1.16 所示。

9）按照涂覆层与裸纤位置在切割刀 16～20cm 处放置光纤到切割刀上，如图 8.1.17 所示。

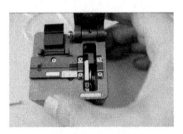

图 8.1.16　切割刀回刀

图 8.1.17　放置光纤到切割刀上

10）用大拇指按回切割刀，完成光纤切割（切割光纤的目的是使光纤的切口平滑垂直），如图 8.1.18 所示。

11）将切割好的光纤放入光纤熔接机（放置时，裸纤的头部不能接触或者碰到光纤熔接机的其他位置，防止切割好的光纤受伤），如图 8.1.19 所示。

图 8.1.18 切割光纤

图 8.1.19 将光纤放入熔接机（一）

12）重复以上操作，在去掉涂覆层前将热缩套管放入光纤，如图 8.1.20 所示，再将光纤放入熔接机，如图 8.1.21 所示。

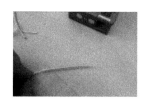

图 8.1.20 将热缩套管放入光纤里

图 8.1.21 将光纤放入熔接机（二）

13）扣上保护盖，看到熔接机的显示屏显示如图 8.1.22 所示内容。

14）按下熔接键，如图 8.1.23 所示。

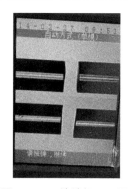

图 8.1.22 熔接机显示屏

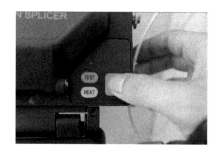

图 8.1.23 按下熔接键

由于使用的熔接机不同，不同厂家熔接键的英文名称可能会不同，这对熔接过程没有影响。

15）熔接完成后屏幕会显示如图 8.1.24 所示内容（估计损耗要小于 0.05dB 才能成功，如果大于这个值，则需要重复以上步骤重新熔接）。

16）将热缩套管放到熔接好的光纤的中间，然后将它放入熔接机的加热炉，如图 8.1.25 所示。

图 8.1.24　熔接完成

图 8.1.25　放入加热炉

17）扣好加热炉盖，按下"HEAT"键加热（红灯亮表示正在加热），如图 8.1.26 所示。

18）熔接灯灭后取出光纤并完成光纤熔接，如图 8.1.27 所示。

图 8.1.26　加热

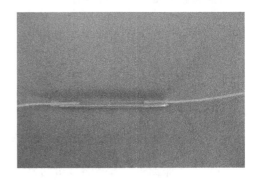

图 8.1.27　熔接完成

▌▌【任务测评】

按照上面熔接光纤的步骤熔接两根 8 芯光纤。

任务 2　光纤冷接任务

【任务描述】

根据光纤施工项目背景，在实训室进行光纤冷接施工。

【任务目标】

光纤冷接施工。

【施工工具】

施工工具如图 8.2.1 所示。

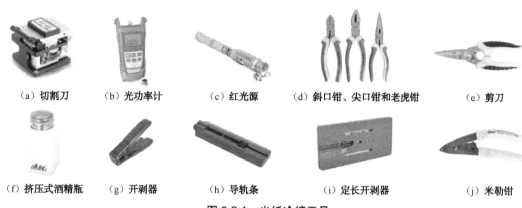

（a）切割刀　　（b）光功率计　　（c）红光源　　（d）斜口钳、尖口钳和老虎钳　　（e）剪刀

（f）挤压式酒精瓶　　（g）开剥器　　（h）导轨条　　（i）定长开剥器　　（j）米勒钳

图 8.2.1　光纤冷接工具

【工作过程】

1）认识光纤快速连接器的结构，如图 8.2.2 所示。

2）光纤切割刀的准备，如图 8.2.3 和图 8.2.4 所示。

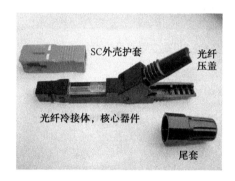

图 8.2.2　光纤快速连接器结构

图 8.2.3　热熔&冷接光纤切割刀

图 8.2.4　使用十字螺钉旋具拆除热熔导轨条

3）冷接操作过程如图 8.2.5～图 8.2.18 所示。

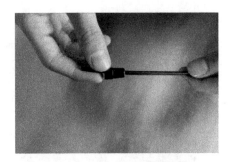

图 8.2.5　套入 SC 冷接子尾套

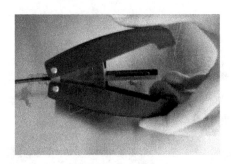

图 8.2.6　使用开剥器定长切割皮线光纤外套

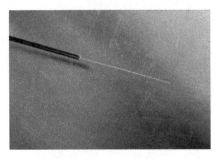

图 8.2.7　开剥好的皮线光纤

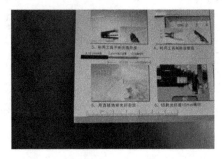

图 8.2.8　确定要保留涂覆层的长度

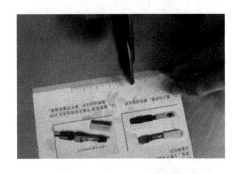

图 8.2.9　去除光纤涂覆层

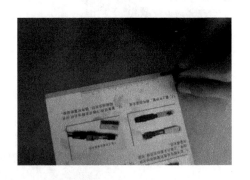

图 8.2.10　去掉涂覆层的裸纤

图 8.2.11　使用酒精棉球擦拭光纤

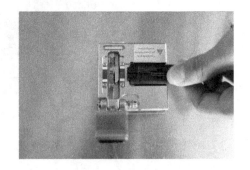

图 8.2.12　切割光纤

图 8.2.13　将光纤插入冷接子

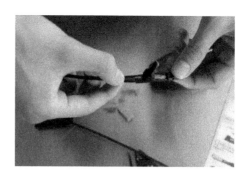

图 8.2.14　将黄色卡子向右推动卡死光纤

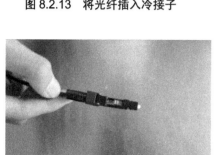

图 8.2.15　光纤压盖

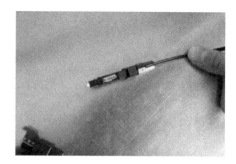

图 8.2.16　拧好冷接子尾盖

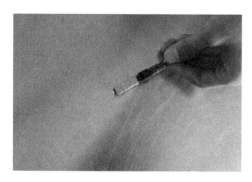

图 8.2.17　安装好冷接子外壳护套

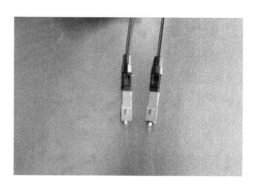

图 8.2.18　两端冷接好的 SC 光纤冷接子

注意：由于每种皮线光纤和冷接子的规格不同，在冷接子的外包装上有相应的光纤外皮剥开的尺寸和去掉光纤涂覆层的尺寸，制作时要仔细阅读说明再进行以上操作。

【任务测评】

对 5 根 1m 长的皮线光纤进行冷接。

项目 9　综合布线测试

█ 核心技术

◆ 双绞线测试仪
◆ FLUKE 测试仪
◆ 测试参数
◆ 测试结果分析
◆ 常见故障及维护

█ 任务目标

◆ 对双绞线进行连通性测试
◆ 认证测试

█ 知识摘要

◆ 双绞线测试仪的使用
◆ FLUKE 测试仪的使用
◆ 长度、误减、近端串扰等双绞线参数
◆ 常见的综合布线故障及排除

█ 【项目背景】

某单位办公楼综合布线施工已经基本完成，为了检验已布好的线的质量，需要对综合布线进行测试，请完成该测试工作。

█ 【项目分析】

分析一：工程测试与验收是一项系统性工作，它包含线路连通性、电气和物理特性测试，还包括对施工环境、工程器材、设备安装、缆线敷设、缆线终接、竣工技术文档等的验收。验收工作贯穿于整个综合布线工程，包括施工前检查、随工检查、初步验收、竣工验收等几个阶段，每个阶段都有特定的内容。虽然在每个时间阶段测试的对象不同，但基本的测试方式都是验证测试、鉴定测试和认证测试。

分析二：在实际工作中，人们对综合布线的传输速率和使用带宽的要求也越来越高，需要测试的内容也越来越多。

▌【项目目标】

知识目标：

1）掌握双绞线测试仪的使用

2）掌握 FLUKE 测试仪的使用

3）认识综合布线常见故障

技能目标：

1）能够使用双绞线测试仪测试双绞线

2）能够使用 FLUKE 测试仪测试双绞线或光纤

3）能够分析相关测试结果

4）能够排除综合布线常见故障

▌【知识准备】

1．综合布线测试步骤

综合布线的测试主要涉及验证测试、认证测试、抽查测试、建立文档 4 个步骤。其中验证测试是基础，认证测试是关键，抽查测试必不可少。

（1）验证测试

测试是测试的基础，是对线路施工的一种最基本的检测。虽然此时只测试线缆的通断和线缆的打线方法是否正确，但这个步骤不能缺少。可以使用简单的测试仪进行测试。通常这是给布线施工工人使用的一般性线缆检测工具。

（2）认证测试

要根据国际标准，对线缆系统进行全面测试，以保证所安装的电缆系统符合所设计的标准，如超 5 类标准、6 类标准、超 6 类标准等。这个过程需要测试各种电气参数，最后要给出每一条链路即每条线缆的测试报告。测试报告中包括测试的时间、地点、操作人员姓名、使用的标准、测试的结果。测试的参数也很多，如打线图、长度、衰减、近端串扰、衰减串扰比、回波损耗、传输时延、时延偏离、综合近端串扰、远端串扰、等效远端串扰等。

（3）抽查测试

需要由第三方对综合布线系统进行抽测，如质量检测部门。抽查测试是必不可少的，而且要收取相应的抽测费用，地域间可能存在差别。综合布线系统抽测的比例通常为10%～20%。

（4）建立文档

文档资料是布线工程验收的重要组成部分。完整的文档包括电缆的标号、信息插座的标号、配线间水平电缆与垂直电缆的跳接关系，配线架与交换机端口的对应关系。建立电子文档可便于以后的维护管理。

2．测试模型

（1）基本链路模型

基本链路包括 3 部分：最长为 90m 的水平布线电缆、两端接插件和两条 2m 测试设备跳线。基本链路模型如图 9.0.1 所示。

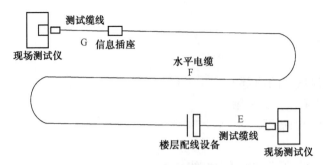

图 9.0.1　基本链路模型

（2）永久链路模型

永久链路又称固定链路，一般是指从配线架上的跳线插座起，到工作区墙面插座位置止，对这段链路进行的物理性测试。它由最长为 90m 的水平电缆、两端接插件和转接连接器组成，如图 9.0.2 所示。

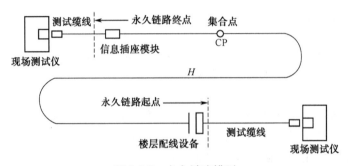

图 9.0.2　永久链路模型

H 为从信息插座至楼层配线设备（包括集合点）的水平电缆，$H\leqslant90m$。其与基本链路的区别在于基本链路包括两端的 2m 测试电缆。在使用永久链路测试时可排除跳线在测试过程中本身带来的误差，从技术上消除了测试跳线对整个链路测试结果的影响，使测试结果更准确、合理，如图 9.0.3 所示。

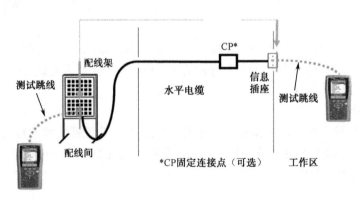

图 9.0.3　永久链路测试实例

（3）信道模型

信道一般指从交换机端口上设备跳线的 RJ45 水晶头起，到服务器网卡前用户跳线的RJ45 水晶头结束的物理连接，也就是从网络设备跳线到工作区跳线间端到端的连接，它包括了最长为 90m 的水平布线电缆、两端接插件、一个工作区转接连接器、两端连接跳线和用户终端连接线，信道最长为100m，如图 9.0.4 所示，图9.0.5 所示为信道测试实例。

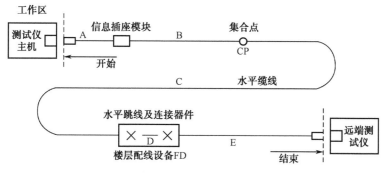

图 9.0.4　信道模型

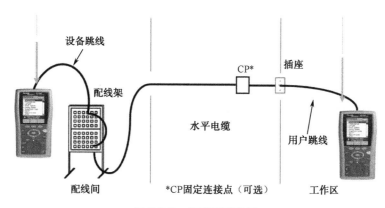

图 9.0.5　信道测试实例

3．综合布线常见的测试失败现象及相应的解决方法

1）接线图测试未通过的可能原因如下。

① 双绞线电缆两端的接线线序不对，造成测试接线图出现交叉现象。

② 双绞线电缆两端的接头有断路、短路、交叉、破裂现象。

③ 某些网络特意需要发送端和接收端跨接，当测试这些网络链路时，由于设备线路的跨接，测试接线图会出现交叉现象。

相应的解决问题的方法如下。

① 对于双绞线电缆两端端接线序不对的情况，可以采取重新端接的方式来解决。

② 对于双绞线电缆两端的接头出现的短路、断路等现象，首先应根据测试仪显示的连线图判定双绞线电缆的哪一端出现了问题，然后重新端接。

③ 对于跨接问题，应确认其是否符合设计要求。

2）链路长度测试未通过的可能原因有以下几种。

① 测试 NVP 设置不正确。

② 实际长度超长，如双绞线电缆信道长度不应超过 100m。

③ 双绞线电缆开路或短路。

相应的解决问题的方法如下。

① 可用已知的电缆确定并重新校准测试仪的 NVP。

② 对于电缆超长问题，只能通过重新布设电缆来解决。

③ 对于双绞线电缆开路或短路问题，首先要根据测试仪显示的信息，准确地定位电缆开路或短路的位置，然后重新端接电缆。

3）近端串扰测试未通过的可能原因如下。

① 双绞线电缆端接点接触不良。

② 双绞线电缆远端连接点短路。

③ 双绞线电缆线对纽绞不良。

④ 存在外部干扰源影响。

⑤ 双绞线电缆和连接硬件性能问题，或不是同一类产品。

相应的解决问题的方法如下。

① 对于接触点接触不良问题，经常出现在模块压接和配线架压接上，因此应对电缆所端接的模块和配线架进行重新压接加固。

② 对于远端连接点短路问题，可以通过重新端接电缆来解决。

③ 对于双绞线电缆在端接模块或配线架时，线对纽绞不良，则应采取重新端接的方法来解决。

④ 对于外部干扰源，只能采用金属线槽或更换为屏蔽双绞线电缆的方法来解决。

⑤ 对于双绞线电缆和连接硬件的性能问题，只能采取更换的方式来彻底解决，所有线缆及连接硬件应更换为相同类型的产品。

4）衰减测试未通过的可能原因如下。

① 双绞线电缆超长。

② 双绞线电缆端接点接触不良。

③ 电缆和连接硬件性能问题，或不是同一类产品。

④ 现场温度过高。

相应的解决问题的方法如下。

① 对于超长的双绞线电缆，只能采取更换传输介质的方式来解决。

② 对于双绞线电缆端接质量问题，可采取重新端接的方式来解决。

③ 对于电缆和连接硬件的性能问题，应采取更换的方式来彻底解决，所有线缆及连接硬件应更换为相同类型的产品。

【项目实施】

任务 1　对双绞线进行连通性测试

【任务描述】

某机房的双绞线布线工作已经完成，为了检查布线的质量，需要对所有的双绞线进行连通性测试，请完成该项工作。

【任务目标】

对机房双绞线进行连通性测试。

【主要工具】

连通性测试仪。

【工作过程】

1．认识连通性测试仪

连通性测试仪如图 9.1.1 所示，是最简单的电缆通断测试仪，包括主机和远端机。测试时，线缆两端分别连接到主机和远端机上，根据显示灯的闪烁次序就能判断双绞线 8 芯线的通断情况，但不能确定故障点的位置。

2．用连通性测试仪进行测试

（1）测试仪结构

测试仪的结构如图 9.1.2 所示。

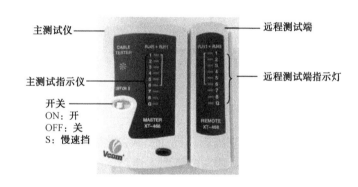

主测试仪
主测试指示仪
开关
ON：开
OFF：关
S：慢速挡
远程测试端
远程测试端指示灯

图 9.1.1　连通性测试仪

图 9.1.2 测试仪结构

（2）使用方法

将网线两端的水晶头分别插入主测试仪和远程测试端的 RJ45 端口，将开关拨到"ON"，这时主测试仪和远程测试端的指示灯应该逐个闪亮。根据指示灯的闪烁次序就能判断双绞线 8 芯线的通断情况，以及有无接错线对。

（3）测试现象分析

1）直通连线的测试：测试直通连线时，主测试仪的指示灯应该从 1 到 8 逐个闪亮，而远程测试端的指示灯也应该从 1 到 8 逐个闪亮。如果显示这种现象，则说明直通线的连通性没有问题，否则重做。

2）交叉线连线的测试：测试交叉线时，主测试仪的指示灯也应该从 1 到 8 逐个闪亮，而远程测试端的指示灯应该按 3、6、1、4、5、2、7、8 的顺序逐个闪亮。如果显示这种现象，则说明交错连线连通性没有问题，否则重做。

3）网线两端的线序不正确时：主测试仪的指示灯仍然从 1 到 8 逐个闪亮，只是远程测试端的指示灯将不能按顺序闪亮。

4）导线断路测试的现象：测试仪上相对应的几个指示灯不亮。

5）当出现短路时：主测试仪显示不变，而远程测试端短路的线对应的灯都亮。

（4）测试记录表

测试记录表如表 9.1.1 所示。

表 9.1.1　测试记录表

测试名称	办公室综合布线系统		
线缆类型		接线标准	
线缆编号	测试结果	备注	

任务2　进行认证测试

【任务描述】

某大楼的综合布线工作已经完成，为了检查布线的质量，需要对所有的 5 类双绞线及光纤进行认证测试，请完成该项工作。

【任务目标】

对大楼的 5 类双绞线和光纤进行认证测试。

【主要工具】

FLUKE 测试仪。

【工作过程】

1. 5 类双绞线认证测试

1）认识 FLUKE 测试仪（图 9.2.1）。FLUKE 测试仪包括主机、远端机、永久链路测试模块 3 部分。

2）熟悉永久链路模拟测试原理，如图 9.2.2 所示。

3）设计永久链路对应表，如表 9.2.1 所示。

图 9.2.1　FLUKE 测试仪

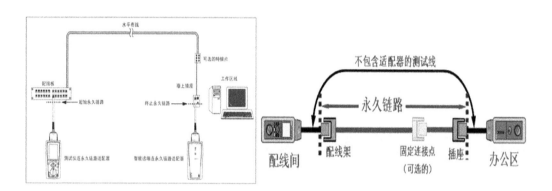

图 9.2.2　永久链路模型测试原理

表 9.2.1　永久链路对应表

永久链路编号	1	2	3	4	5	6	7	8	9	10	11	⋯
工作区模拟编号												
管理间模拟编号												

4）使用 FLUKE 测试仪，按永久链路对应表操作，主机和远端机都接好超 5 类双绞线永久链路测试模块。主机部分连接配线架，远端机接入各楼层的信息点并进行测试。测试标准为 TIA/EIA 568B，采用永久链路测试，测试时选用 FLUKE 的超 5 类双绞线模块进行。

5）按照 FLUKE 测试仪的操作说明，设置 FLUKE 主机的测试标准，旋钮至"SETUP"，选择测试标准为"TIA Cat5 Perm.link"。旋钮至"AUTO TEST"，按下"TEST"键，设备将自动开始测试缆线，逐条测试链路并保存结果。

6）直接按"SAVE"键即可对结果进行保存。

7）分析测试数据。通过专用线将结果导入到计算机中，通过 LinkWare 软件即可查看相关结果。通过预览方式可查看各个信息点的测试结果，如图 9.2.3 所示。

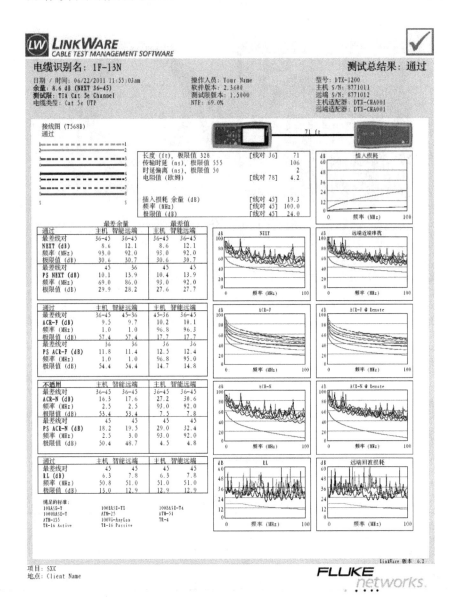

图 9.2.3　双绞线测试

8）根据测试仪显示数据，判定各链路的故障位置和故障类型，填写常见故障检测分析表，完成故障测试分析，如表 9.2.2 所示。

表 9.2.2　常见故障检测分析表

序	链 路 名 称	检 测 结 果	主要故障类型	故障主要原因

续表

序	链 路 名 称	检 测 结 果	主要故障类型	故障主要原因

9）根据故障检测结果，提出常见故障维修建议，如表 9.2.3 所示。

表 9.2.3 常见故障维修建议表

序	链 路 名 称	故 障 类 型	维 修 建 议
1			
2			
3			
4			
5			
6			
7			
8			
9			
10			
11			
12			

2．光纤认证测试

1）对光连接的插头、插座进行清洁处理，防止由于接头不干净带来的附加损耗，造成测试结果不准确。

2）将 FLUKE 设备的主机和远端机都连接 FTM 测试模块。

3）主机接入设备间光纤配线架，远端机接入大楼光纤配线架的信息点并进行测试。

4）设置 FLUKE 主机的测试标准，测试标准为 TIA TSB140，旋钮至"SETUP"，先选择测试线缆类型为"Fiber"，再选择测试标准为"Tier2"。

5）接入测试缆线接口。

6）缆线测试，旋钮至"AUTO TEST"，按下"TEST"键，设备将自动测试线缆。

7）保存测试结果，直接按"SAVE"键即可对结果进行保存。

8）测试结果分析。测试完成后，FLUKE 测试仪会在主机内生成一个扩展名为.flw 的文件，将测试仪生成的文件复制到计算机，计算机内安装并打开"LinkWare"软件，导入扩展名为*.flw 的文件，即可查看测试生成的报告。

▌▌【任务测评】

一、填空题

综合布线常见的测试失败现象有哪些？解决方法是什么？

二、简答题

画图比较通道、基本链路、永久链路模型之间的差别。

项目 10   综合布线系统工程实例

任务 1   建筑群子系统地下管道室外光缆布线工程

▌核心技术

◆ 建筑群子系统地下管道布线

◆ 室外光缆综合布线

▌任务目标

◆ 建筑群子系统地下管道布线规划与施工

◆ 室外光缆综合布线施工

▌知识摘要

◆ 了解室外光缆布线工具和施工

◆ 光缆敷设要求

◆ 光缆预留要求

◆ 建筑群子系统地下管道规划

◆ 建筑群子系统地下管道布线施工

▌【任务背景】

某园区有 21 座居民楼，2000 多个互联网用户，有完善的地下管道通信系统，仅有一个互联网运营商，采用 ADSL 技术借助电话线路，通过调制解调器拨号实现用户接入互联网。

随着园区互联网用户的网络提速呼声越来越高，不同的网络运营商希望进入园区公平竞争。如果你是一个网络运营商的综合布线项目经理，你如何对该园区综合布线项目进行规划和施工呢？

▌【任务分析】

分析一：借助电话线路，通过调制解调器拨号实现用户接入互联网，基于铜缆技术。现在光缆技术越来越成熟，铜缆技术逐步被光缆技术取代。

分析二：物联网时代，网络用户对网络接入速度要求必然越来越高。不同的网络运营商公平竞争，提供给网络用户更好的服务，光缆铺设势在必行。

分析三：利用该园区完善的建筑群子系统现有的地下通信管道，进行室外光缆综合布线工程的实施。

【项目目标】

知识目标：

1）光缆敷设要求

2）光缆预留要求

技能目标：

1）光缆地下管道布线规划

2）光缆布线施工

【知识准备】

1. 光缆敷设要求

1）光缆敷设前管孔内穿放子孔，光缆选同色子管始终穿放，空余所有子管管口应加塞子保护。

2）按人工敷设方式考虑，为了减少光缆接头损耗，管道光缆应采用整盘敷设。

3）为了减少布放时的牵引力，整盘光缆应由中间向两边布放，并在每个人孔安排人员做中间辅助牵引。

4）光缆穿放的孔位应符合设计图样要求，敷设管道光缆之前必须清刷管孔。子孔在人手孔中的余长应露出管孔 15cm 左右。

5）手孔内子管与塑料纺织网管接口用 PVC 胶带缠扎，以避免泥沙渗入。

6）光缆在人（手）孔内安装，如果手孔内有托板，则光缆在托板上固定；如果没有托板则将光缆固定在膨胀螺栓，膨胀螺栓要求钩口向下。

7）光缆出管孔 15cm 以内不应做弯曲处理。

2. 光缆预留要求

1）对于有进线室的局所，光缆进出局所时应在进线室内进行预留，余留长度为 10～20m；对于无进线室的局所，光缆余留在局前人孔或第二个人孔内，余长为 15～20m；基站的引接架空光缆可以预留在终端杆上，预留长度为 20m。

2）管道光缆在接头及引上处要适当预留，预留长度为 6～10m。管道光缆在人手孔内弯曲增长度可按每人（手）孔 0.5～1m 考虑。

3）架空光缆在接头处两侧电杆要适当预留，预留总长度 10m。架空光缆按所在气象负荷区，在每根或间隔几根杆上要有"伸缩弯"型预留，每处预留长度约为 0.2m。

4）设计工作者认为直埋光缆在工程勘察中容易产生线路障碍的地段，应该进行光缆的预留，预留长度可根据需要设计。

5）光缆穿越河流、跨越桥梁、穿越公路及铁路等特殊地段，每处应预留 5～30m 的光缆。

6）架空和管道敷设方式的预留缆需盘成 60cm 直径缆圈，并绑在电缆托架或加固在井壁、引上杆路等适当位置。直埋敷设方式的预留缆可以盘放或"8"字盘放。

‖【任务实施】

【任务描述】

某网络运营商进入某园区，利用现有的地下管道通信系统，对该园区进行光缆综合布线，提供接入互联网服务。

建筑群子系统地下管道室外光缆布线工程包括园区实地调查、园区光缆布放规划、光缆检验与预算、园区光缆综合布线施工。

【任务目标】

建筑群子系统地下管道室外光缆布线。

【主要施工工具】

玻璃钢穿线器，最小弯曲半径为 300mm，牵引段裂张力为 2.5T，线径密度为 150g/m，长度为 200m，如图 10.1.1 所示。

放线架，如图 10.1.2 所示。

图 10.1.1　玻璃钢穿线器　　　　　　图 10.1.2　放线架

【施工耗材】

室外光缆、胶带等。

【工作过程】

1．园区实地调查

1）熟悉园区的布局，掌握楼号（蓝牌号）、单元数、用户数、通信井等情况。设计调查表格，如表 10.1.1 所示。

表 10.1.1　施工调查表

楼　编　号	楼　层　数	单　元　数	用　户　数	通信井数	管道情况	备　　注
15-1						
15-2						

续表

楼 编 号	楼 层 数	单 元 数	用 户 数	通信井数	管道情况	备 注
15-3						
15-4						
15-5						
15-6						
15-7						

2）统计运营商交接箱底座（圆形标志）和通信井（方形标志）个数和位置，如图 10.1.3 所示。

图 10.1.3 位置及数量标记

3）检查光缆通信井（图 10.1.4）和管路有无进水，光缆管路是否平滑和通畅，光缆管路是否合理，管道弯曲半径应大于光缆外径 25 倍。

4）检查光纤管道（图 10.1.5）占用情况，光缆共同管沟有无其他运营商的光缆，光缆警示标志是否明显，施工时有无影响。 通信井多孔配置时，选择最佳光纤管路配置，各个通信井管路一致。

图 10.1.4 光缆通信井

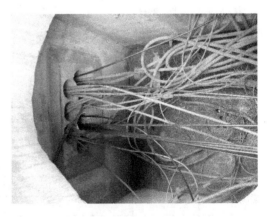

图 10.1.5 光纤管道

2．园区光缆布放规划

1）选择园区最佳运营商交接箱底座位置。本任务预留了专门运营商交接箱底座，光缆布放采用交接箱底座为中心的星形结构。光纤到大楼，一个楼一根光缆。

2）确定园区光缆路由走向、敷设方式及接头位置，如图 10.1.6 所示，绿色为干线，黄色为支线。

3）确定光缆型号。本工程从性价比衡量，单盘光缆规格为 GYFTY-6B1（9/125）。单盘光缆长度为 3000m。GY 指通信用室（野）外光缆，F 指非金属加强构件，T 指油膏填充式结构，Y 指聚乙烯护套；6 指 6 芯，B 指单模光纤，B1 指非色散位移型光纤室外非金属单模光缆（层绞式），9/125 指模场直径/包层直径。

4）编制施工图草图，如图 10.1.7 所示。

图 10.1.6　光缆路由走向、敷设方式及接头位置

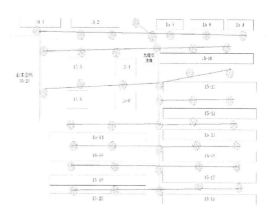

图 10.1.7　施工图草图

3．光缆检验与预算

（1）光缆检验

1）施工单位在开工前应对运到工地的光缆、器材的规格、程式进行数量清点和外观检查，核对检验报告，如图 10.1.8 所示。或对光缆进行光学特性、电特性的测试。

2）核对单盘光缆（图 10.1.9）规格、程式及制造长度应符合订货合同规定的要求。本工程单盘光缆规格为 GYFTY-6B1（9/125）。

图 10.1.8　检验报告

图 10.1.9　单盘光缆

（2）光缆预算

本工程 GYFTY-6B1（9/125）单盘光缆长度为 3000m，需要 3 盘光缆。光缆布放要做好规划，管道光缆应整盘敷设，不能有接头。做好预留，先长后短敷设，统筹兼顾，节省材料。

4．园区光缆布放施工

1）选择合适位置，固定放线架，如图 10.1.10 所示，把光缆抬放在放线架上，如图 10.1.11 所示。

图 10.1.10　固定放线架

图 10.1.11　放置光缆

2）打开通信井。通信井有两层井盖，防止雨水侵入，如图 10.1.12 所示。

图 10.1.12　通信井

3）选择固定管道，如图 10.1.13 所示，本工程光缆布线地下管道统一占用一个固定地下管道。放玻璃钢穿线器必须带防护手套施工，如图 10.1.14 所示，玻璃钢穿线器必须二人配合按要求施工。

图 10.1.13　选择管道

图 10.1.14　放置玻璃钢穿线器

4）用壁纸刀对室外光缆开缆，仅留下 20～30cm 钢丝拉线，如图 10.1.15 所示。用尖嘴钳把钢丝拉线和玻璃钢穿线器的牵引头固定，用胶带把牵引头与光缆捆扎，做到牢固平滑，如图 10.1.16 所示。

图 10.1.15　开缆

图 10.1.16　固定牵引头与光缆

5）牵引光缆。不得损伤光缆外护层，用力要均匀，拉玻璃钢穿线器必须二人配合安全施工，防止玻璃钢穿线器回弹伤人，如图 10.1.17 所示。

6）完成牵引任务，牵引头与光缆分离，如图 10.1.18 所示。

图 10.1.17　牵引光缆

图 10.1.18　分离牵引头与光缆

7）同理，继续完成下一个通信井光缆布放，如图 10.1.19 所示。

8）光缆布放结束，做好终端预留。本工程光网络单元预留 15～20m。园区光缆布放完成，最后汇聚到交接箱底座，如图 10.1.20 所示。

图 10.1.19　光缆布放

图 10.1.20　终端预留

9）做好光缆标示（临时标示），如图 10.1.21 所示。

图 10.1.21　光缆标示

10）填写园区光缆布放记录，用于归档和交接，如表 10.1.2 所示。

表 10.1.2　光缆布放记录表

线缆编号	光缆布线距离/m	备　注
15-1		
15-2		
15-3		
15-4		
15-5		
15-6		
15-7		
15-8		
15-9		
15-10		
15-11		
15-12		
15-13		
15-14		
15-15		
15-16		
15-17		
15-18		
15-19		
15-20		
15-21		
预留 1		
预留 2		
预留 3		

▊▊ 【任务测评】

一、讨论题

如果你是一个网络运营商的综合布线项目经理，施工地点就是你所在的小区，施工项目就是本小区光纤改造综合布线项目。你如何对该园区综合布线项目进行规划和施工？5 人一小组讨论，形成书面实施方案以小组为单位上交。

二、判断题

1．光缆通信井管道弯曲半径应大于光缆外径 25 倍。   （   ）

2．为了减少布放时的牵引力，整盘光缆应由中间向两边布放，并在每个人孔安排人员做中间辅助牵引。   （   ）

3．光缆一次牵引长度一般不应大于 1000m，超长时应采用"8"字分段牵引。 （   ）

4．光缆在通信井中可以没有适当余量，光缆绷得太紧也不影响通信质量。 （   ）

5．架空和管道敷设方式的预留缆需盘成 60cm 直径缆圈，并绑在电缆托架或加固在井壁、引上杆路等适当位置。   （   ）

6．按人工敷设方式考虑，为了减少光缆接头损耗，管道光缆应采用整盘敷设。（   ）

7．光缆出管孔 15cm 以内不应做弯曲处理。   （   ）

8．建筑群子系统有多条地下通信管道时，网络运营商可以随便占用任何一条地下管道光缆布线，不必固定通信管道。   （   ）

三、填表

填写表 10.1.3。

表 10.1.3 光缆常用预留表

自然弯曲增加长度/（m/km）	人孔内拐弯增加长度/（m/孔）	接头重叠长度/（m/侧）	局内预留长度/m

任务2 光纤入户工程

▊ 核心技术

◆ FTTH 光纤入户技术

▊ 任务目标

◆ 光纤单元分线箱与室外光纤连接施工
◆ 光纤单元分线箱与室内光纤连接施工

▊ 知识摘要

◆ 开缆

◆ 光纤熔接
◆ 光纤单元分线箱与室外光纤连接施工
◆ 光纤单元分线箱与室内光纤连接施工

【任务背景】

某小区光纤入户综合布线工程，已经完成室外光纤进入单元。用户室内光纤布放和光纤插座冷接完毕，现在进行光纤单元分线箱施工阶段。某综合布线公司根据施工方要求进入施工现场，进行光纤单元分线箱综合布线施工。

【任务分析】

光纤入户综合布线工程是最前沿的技术，光纤单元分线箱施工包括光纤单元分线箱与室外光纤连接施工、光纤单元分线箱与室内光纤连接施工。涉及光纤开剥器、光纤适配器、ST-ST 光纤跳线、光纤熔接机内容，是对光纤技术综合检验。

【任务目标】

知识目标：
1）开缆
2）光纤熔接

技能目标：
1）光纤单元分线箱与室外光纤连接施工
2）光纤单元分线箱与室内光纤连接施工

【知识准备】

1. FTTH

FTTH（Fiber To The Home），顾名思义，就是一根光纤直接到家庭。具体来说，FTTH 指将光网络单元（ONU）安装在住家用户或企业用户处，是光接入系列中除 FTTD（光纤到桌面）外最靠近用户的光接入网应用类型。

FTTH 的显著技术特点是提供更大的带宽，增强了网络对数据格式、速率、协议的透明性，放宽了对环境条件和供电等要求，简化了维护和安装。FTTH 一直被认为是接入网的明日之星，也是宽带发展的最终理想。100Mb/s 带宽的 FTTH 成为实现电话、有线电视和上网的三网合一的最佳保证。

2. 光纤熔接步骤

1）准备相关材料、工具： 准备光缆、光纤热缩保护管、无水酒精、工具、光纤熔接机、光纤切割刀等。

2）开剥光缆：在剥光缆之前应去除受损变形的部分，剥去白色保护套长度为 15cm 左右。

3）刮去光纤保护膜：用光纤剥线钳的最细小的口，轻轻地夹住光纤，缓缓地把剥线钳抽出，将光纤上的树脂保护膜刮下。

4）清洁光纤：用酒精棉球，沾无水酒精对剥掉树脂保护套的裸纤进行清洁。

5）安装热缩保护管：将热缩套管套在一根待熔接光纤上，熔接后保护接点用。

6）制作光纤端面：用光纤切割刀将裸光纤切去一段，保留裸纤 12～16mm。

7）安放光纤：分别打开光纤大压板将切好端面的光纤放入 V 形载纤槽，光纤端面不能触到 V 形载纤槽底部。

8）熔接光纤：盖下防风罩，熔接机进入"请按键，继续"操作界面，按"RUN"键，完成熔接。

9）观察熔接质量：完成熔接后，显示屏上显示损耗估算值。

10）加热热缩保护管：将加热器的盖板打开，将热缩保护管放入加热器，按"HEAT"键，加热指示灯亮，即开始给热缩管加热。

【任务实施】

【任务描述】

某小区光纤入户工程光纤单元分线箱施工。

【任务目标】

光纤单元分线箱与室外光纤连接施工、光纤单元分线箱与室内光纤连接施工。

【主要施工工具】

光纤开剥器和光纤熔接机，如图 10.2.1 和图 10.2.2 所示。

图 10.2.1　光纤开剥器

图 10.2.2　光纤熔接机

【施工耗材】

尾纤、适配器、光缆护套、标签纸、胶带等。

【施工环境】

光纤单元分线箱，如图 10.2.3 所示。

【工作过程】

1．光纤单元分线箱与室外光纤连接施工

1）为弱电箱穿光缆，如图 10.2.4 所示。

2）为 24 芯室外防水光缆贴标签，如图 10.2.5 所示。

图 10.2.3　光纤单元分线箱

图 10.2.4　弱电箱穿光缆

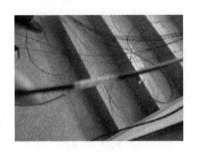

图 10.2.5　贴标签

3）给 24 芯室外防水光缆开缆，如图 10.2.6 所示。

4）24 芯室外防水光缆中 4 个全色谱束管，如图 10.2.7 所示。

图 10.2.6　开缆

图 10.2.7　全色谱束管

5）给 24 芯室外防水光缆束管加护套捆扎固定，如图 10.2.8 所示。

6）24 芯室外防水光缆穿进光纤单元分线箱，捆扎固定，如图 10.2.9 所示。

图 10.2.8　光缆束管捆扎固定

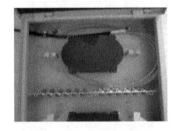

图 10.2.9　捆扎固定

7）为尾纤贴标签，如图 10.2.10 所示。

8）将尾纤与适配器连接起来，如图 10.2.11 所示。

图 10.2.10　尾纤贴标签

图 10.2.11　尾纤与适配器连接

9）24 芯光缆与尾纤熔接，如图 10.2.12 所示。

10）熔接纤盘盘纤，如图 10.2.13 所示。

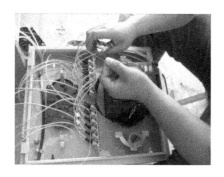

图 10.2.12　24 芯光缆与尾纤熔接

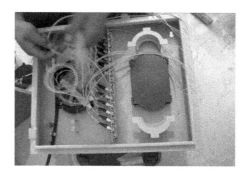

图 10.2.13　熔纤盘盘纤

11）光纤单元分线箱中 24 芯室外防水光缆与尾纤端接施工完毕，如图 10.2.14 所示。

图 10.2.14　施工完毕

2. 光纤单元分线箱与室内光纤连接施工

1）室内光缆结构，如图 10.2.15 所示。

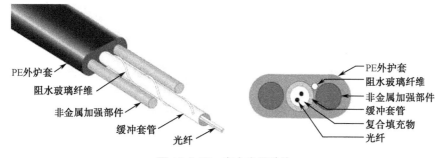

图 10.2.15　室内光缆结构

2）室内光缆开缆工具，如图 10.2.16 所示。

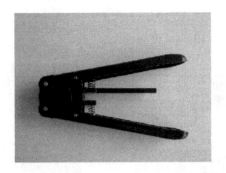

图 10.2.16　开缆工具

3）用户光纤剪线，如图 10.2.17 所示。

4）为室内用户光缆贴标签，如图 10.2.18 所示。

图 10.2.17　用户光纤剪线

图 10.2.18　贴标签

5）分户光纤剥线，如图 10.2.19 所示。

6）分户光纤与尾纤熔接，如图 10.2.20 所示。

图 10.2.19　光纤剥线

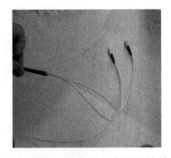

图 10.2.20　分户光纤与尾纤熔接

7）分户光纤与尾纤熔接后穿入光纤单元分线箱，如图 10.2.21 所示。

8）连接光纤适配器并理线，如图 10.2.22 所示。

9）光纤单元分线箱施工信息填写，如图 10.2.23 所示。

10）施工完毕，如图 10.2.24 所示。

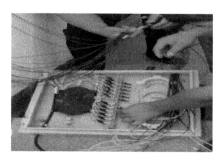

图 10.2.21　分户光纤与尾纤熔接后穿入光纤单元分线箱

图 10.2.22　连接光纤适配器并理线

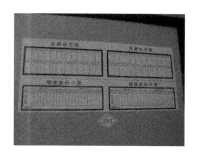

图 10.2.23　填写施工信息

图 10.2.24　施工完毕

▌【任务测评】

一、填空题

填写下列光纤设备的名称。

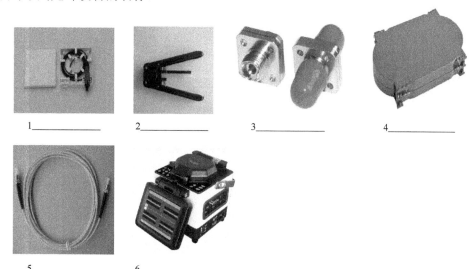

1_____　2_____　3_____　4_____

5_____　6_____

二、讨论题

光纤入户工程核心技术是什么？影响光纤入户工程质量和进程的主要因素是什么？

三、社会调查

当地综合布线市场上，光纤熔接每芯价格和光纤熔接最短时间。

任务3　某单位水平子系统布线工程

▮▮ 核心技术

◆ 水平子系统合布线

▮▮ 任务目标

◆ 水平子系统线管穿线施工

◆ 整理穿线报告

▮▮ 知识摘要

◆ 水平子系统穿线技术要求

◆ 水平子系统穿线工序

◆ 整理穿线报告

◆ 水平子系统穿线工程施工

▮▮ 【任务背景】

某单位在建办公楼管槽完工，进入水平综合布线阶段。某综合布线公司根据施工方要求进入施工现场，进行双绞线水平子系统综合布线施工。本任务仅仅为水平子系统双绞线穿线。如果你是这个综合布线公司的项目经理，你如何完成水平子系统双绞线穿线任务？

▮▮ 【任务分析】

双绞线水平子系统施工是最基础的综合布线工程项目，涉及线管、双绞线、标签、图样等内容。以综合布线公司的综合布线项目经理身份，完成水平子系统双绞线穿线任务，涉及方方面面，注意把握标准，熟悉工序。

▮▮ 【项目目标】

知识目标：

1）水平子系统穿线技术要求

2）水平子系统穿线工序

技能目标

水平子系统穿线施工

▮▮ 【知识准备】

1. 水平子系统穿线技术要求

1）所有的钢管口都要安放塑料护口。穿线人员应携带护口，穿线时随时安放。

2）拽线时每根线拉力应不超过 11 千克力，多根线拉力最大不超过 40 千克力，以免拉伸双绞线导体。

3）双绞线一旦外皮损伤，会致芯线外露或有其他严重损伤，损伤的双绞线段应抛弃，不得接续，接续的双绞线无法满足信号传输要求。

4）整个工程中双绞线的贮存、穿线放线都要耐心细致，避免双绞线受到任何挤压、碾、砸、钳、割或过力拉伸。布线时既要满足所需的余长，又要尽量节省，避免任何不必要的浪费。

5）双绞线在出线盒外余长 30cm，余线应仔细缠绕好收在出线盒内。在配线箱处从配线柜入口算起余长为配线柜的长+宽+深。

6）非屏蔽 4 对双绞线的弯曲半径应至少为双绞线外径的 4 倍；屏蔽 4 对双绞线电缆的弯曲半径应至少为双绞线外径的 6～10 倍。

7）双绞线按照施工平面图标号，每个标号对应一条 4 对芯线，对应的房间和插座位置不能弄错。两端的标号位置距末端 25cm，贴纸质号签再缠透明胶带。

8）穿线完成后，所有的 4 对芯双绞线应全面进行通断测试。测试方法：把两端双绞线的芯全部剥开，露出铜芯。在一端把数字万用表拨到通断测试挡，两表笔稳定地接到一对双绞线芯上；在另一端把这对双绞线芯短暂地接触。如果持表端能听到断续的"嘀嘀"声，则表明双绞线连接无误，每根双绞线的 4 对芯都要测。这样测试能发现的问题是断线、断路和标号错。

2．水平子系统布线穿线工序

（1）施工前

了解工程实际情况（管槽检查，埋地钢管试穿等），熟悉工程图样，制定施工方案，清理施工现场。

（2）施工阶段

1）对所有参与穿线的人员讲解布线系统结构、穿线过程、技术要点和注意事项。

2）策划分组。

3）根据图样，分组地穿双绞线。

4）双绞线按要求留余长，标号。

5）对每根双绞线进行通断测试，补穿，修改标号错误。

6）整理穿线报告。

（3）施工后

清理施工现场。

▌【项目实施】

【任务描述】

某网络运营商进入某园区，利用现有的地下管道通信系统，对该园区进行光缆综合布线，提供接入互联网服务。

建筑群子系统地下管道室外光缆布线工程包括园区实地调查、园区光缆布放规划、光缆检验与预算、园区光缆综合布线施工。

【任务目标】

水平子系统双绞线穿线。

【主要施工工具】

小型穿线器和数字万用表，如图 10.3.1 和图 10.3.2 所示。

图 11.3.1 小型穿线器图

图 10.3.2 数字万用表

【施工耗材】

双绞线、标签纸、胶带等。

【工作过程】

1. 施工前准备

1）了解工程实际情况，如图 10.3.3 所示。

2）熟悉工程图样，如图 10.3.4 所示。

图 10.3.3 现场勘查

图 10.3.4 工程图样

3）制定施工方案，如图 10.3.5 所示。

4）施工现场清理，如图 10.3.6 所示。

图 10.3.5 制定施工方案

图 10.3.6 清理现场

2. 水平子系统穿线施工

1）施工任务分配，如图 10.3.7 所示。

2）工程施工操作要求，如图 10.3.8 所示。

图 10.3.7　施工任务分配

图 10.3.8　操作要求

3）穿钢管时钢管两端要加线管防护套，防止拉线缆时损伤双绞线，如图 10.3.9 所示。

4）FD 机柜处线管加护套，如图 10.3.10 所示。

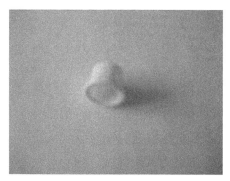

图 10.3.9　线管防护套

图 10.3.10　FD 机柜处线管加护套

5）根据图样，查找信息插座，制定具体布线方案，如图 10.3.11 所示。

6）信息插座编写规则：进门按顺时针依次排列。图样上标记处线管中标注 3TO，表示 3 根线缆。一根线缆对穿到 203 房间，2 根线缆到 205 房间，如图 10.3.12 所示。

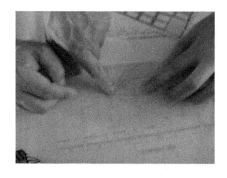

图 10.3.11　制定具体布线方案

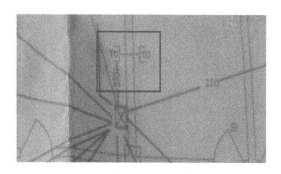

图 10.3.12　信息插座编写

7）根据图样和端口对照表编写线缆标签。标号要清晰、正确，贴牢固，如图 10.3.13 所示。

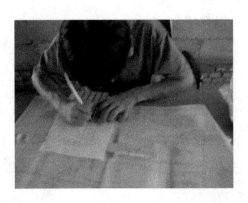

图 10.3.13　贴标签

8）以图样标记处为例，3TO 线缆标签为 FD23-1-8-1Z-203；FD23-1-14-2Z-205；FD23-1-15-2Y-205。FD 是楼层配线架，第一根线缆为 203 房间 1 号信息插座左口。第二、三根线缆为 205 房间 2 号信息插座左口，如图 10.3.14 所示。

7.	FD23-1-7-4Z-202	FD23		
8.	FD23-1-8-1Z-203	FD23	1	8
9.	FD23-1-9-3Z-203	FD23	1	9
10.	FD23-1-10-1Z-204	FD23	1	10
11.	FD23-1-11-1Y-204	FD23	1	11
12.	FD23-1-12-1Z-205	FD23	1	12
13.	FD23-1-13-1Y-205	FD23	1	13
14.	FD23-1-14-2Z-205	FD23	1	14
15.	FD23-1-15-2Y-205	FD23	1	15
16.	FD23-1-16-1Z-206	FD23	1	16

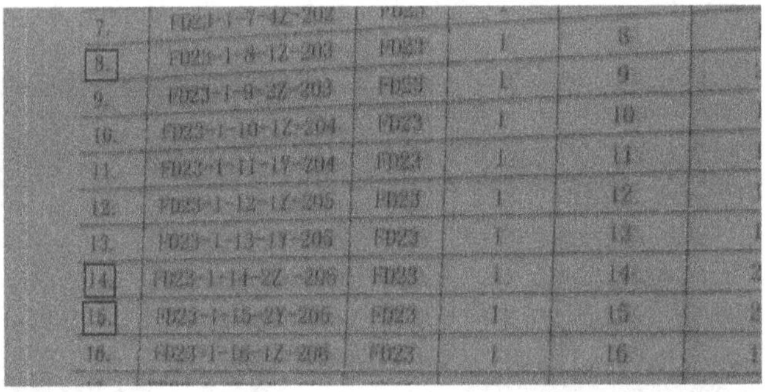

图 10.3.14　标签

9）根据图样和施工情况，测量和裁剪线缆，如图 10.3.15 所示。机柜处线缆预留 150cm，信息插座处预留 20cm。本工程为在混凝土浇筑中预埋线管，所以比地面高度低 15～20cm，要酌情加以预留。

10）线缆两端的标示粘贴，并用透明胶带粘贴做好保护，如图 10.3.16 所示。

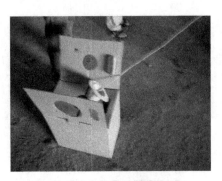

图 10.3.15　测量和裁剪线缆

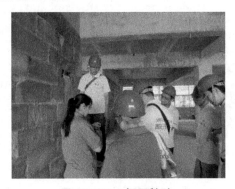

图 10.3.16　标示粘贴

11）穿线器在机柜处穿线，如图 10.3.17 所示。

12）穿线器在信息插座处露出，连接好 3 根线缆，用透明胶带粘贴好，增加牢固度，也减小了穿线时的摩擦，如图 10.3.18 所示。

图 10.3.17　穿线

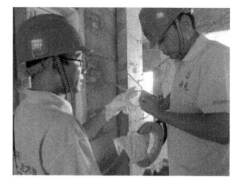

图 10.3.18　固定线缆

13）均匀用力拉线，如图 10.3.19 所示。拽线时每根线拉力应不超过 11 千克力，多根线拉力最大不超过 40 千克力，以免拉伸双绞线导体。

14）在 205 房间 2 号信息插座 3 根线缆中找到标签为 FD23-1-8-1Z-203 线缆，对穿到 203 房间 1 号信息插座，如图 10.3.20 所示。

图 10.3.19　拉线

图 10.3.20　穿插线缆

15）信息插座中的线缆做好预留，注意曲率半径，盘在底盒中，如图 10.3.21 所示。

16）机柜位置做好预留，注意曲率半径，如图 10.3.22 所示。

图 10.3.21　预留线缆

图 10.3.22　预留机柜位置

17）机柜安装效果图，如图 10.3.23 所示。

18）每根双绞线进行通断测试。测试方法：把两端电缆的芯全部剥开，露出铜芯。在一端把数字万用表拨到通断测试挡，两表笔稳定地接到一对电缆芯上；在另一端把这对电缆芯短暂地接触。如果持表端能听到断续的"嘀嘀"声，则表明线缆无误，每根电缆的 4 对芯都要测试。这样测试能发现的问题是断线、断路和标号错误。

图 10.3.23　安装机柜

19）整理穿线报告，如表 10.3.1～表 10.3.3 所示。

表 10.3.1　穿线进度表（一）

报告填写人：		报告日期	
穿线负责人：		参与穿线人数：	
现场存放的总双绞线量（箱）		实际双绞线用量（米）	

表 10.3.2　穿线进度表（二）

日期	工时	人数	工作内容（层/区/信息点）	剩余箱	剩余非整箱（>30M）

表 10.3.3　穿线进度表（三）

序号	信息点编号	插座端刻度	配线架端刻度	通断测试 OK	备注

3．施工后工作

现场清理，如图 10.3.24 所示。

图 10.3.24　清理现场

▌【任务测评】

一、简答题

根据施工图（图 10.3.25）和端口对照表（图 10.3.26），给 205 房间 1 信息插座和 203 房间 2 信息插座布线，3 根线缆标示的分别是什么？在施工图和端口对照表标出来。

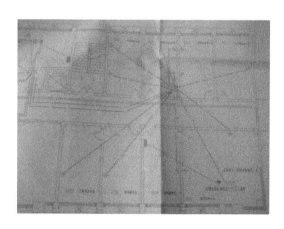

图 10.3.25　施工图

图 10.3.26　端口对应表

二、讨论题

本水平子系统双绞线穿线项目，如果你是这个综合布线公司的项目经理，还有哪些需要完善和补充的内容？

反侵权盗版声明

　　电子工业出版社依法对本作品享有专有出版权。任何未经权利人书面许可,复制、销售或通过信息网络传播本作品的行为,歪曲、篡改、剽窃本作品的行为,均违反《中华人民共和国著作权法》,其行为人应承担相应的民事责任和行政责任,构成犯罪的,将被依法追究刑事责任。

　　为了维护市场秩序,保护权利人的合法权益,我社将依法查处和打击侵权盗版的单位和个人。欢迎社会各界人士积极举报侵权盗版行为,本社将奖励举报有功人员,并保证举报人的信息不被泄露。

举报电话:(010)88254396;(010)88258888

传　　真:(010)88254397

E-mail:　　dbqq@phei.com.cn

通信地址:北京市海淀区万寿路 173 信箱
　　　　　电子工业出版社总编办公室

邮　　编:100036